中华复兴之光
万里锦绣河山

多彩植物天地

冯 欢 主编

汕頭大學出版社

图书在版编目（CIP）数据

多彩植物天地 / 冯欢主编. -- 汕头 ： 汕头大学出版
社，2016.1（2023.8重印）
　　（万里锦绣河山）
　　ISBN 978-7-5658-2383-1

　　Ⅰ．①多… Ⅱ．①冯… Ⅲ．①植物－介绍－中国
Ⅳ．①Q94

中国版本图书馆CIP数据核字(2016)第015568号

多彩植物天地　　　　　DUOCAI ZHIWU TIANDI

主　　编：冯　欢
责任编辑：汪艳蕾
责任技编：黄东生
封面设计：大华文苑
出版发行：汕头大学出版社
　　　　　广东省汕头市大学路243号汕头大学校园内　邮政编码：515063
电　　话：0754-82904613
印　　刷：三河市嵩川印刷有限公司
开　　本：690mm×960mm　1/16
印　　张：8
字　　数：98千字
版　　次：2016年1月第1版
印　　次：2023年8月第4次印刷
定　　价：39.80元
ISBN 978-7-5658-2383-1

前言

　　党的十八大报告指出："把生态文明建设放在突出地位，融入经济建设、政治建设、文化建设、社会建设各方面和全过程，努力建设美丽中国，实现中华民族永续发展。"

　　可见，美丽中国，是环境之美、时代之美、生活之美、社会之美、百姓之美的总和。生态文明与美丽中国紧密相连，建设美丽中国，其核心就是要按照生态文明要求，通过生态、经济、政治、文化以及社会建设，实现生态良好、经济繁荣、政治和谐以及人民幸福。

　　悠久的中华文明历史，从来就蕴含着深刻的发展智慧，其中一个重要特征就是强调人与自然的和谐统一，就是把我们人类看作自然世界的和谐组成部分。在新的时期，我们提出尊重自然、顺应自然、保护自然，这是对中华文明的大力弘扬，我们要用勤劳智慧的双手建设美丽中国，实现我们民族永续发展的中国梦想。

　　因此，美丽中国不仅表现在江山如此多娇方面，更表现在丰富的大美文化内涵方面。中华大地孕育了中华文化，中华文化是中华大地之魂，二者完美地结合，铸就了真正的美丽中国。中华文化源远流长，滚滚黄河、滔滔长江，是最直接的源头。这两大文化浪涛经过千百年冲刷洗礼和不断交流、融合以及沉淀，最终形成了求同存异、兼收并蓄的最辉煌最灿烂的中华文明。

五千年来，薪火相传，一脉相承，伟大的中华文化是世界上唯一绵延不绝而从没中断的古老文化，并始终充满了生机与活力，其根本的原因在于具有强大的包容性和广博性，并充分展现了顽强的生命力和神奇的文化奇观。中华文化的力量，已经深深熔铸到我们的生命力、创造力和凝聚力中，是我们民族的基因。中华民族的精神，也已深深植根于绵延数千年的优秀文化传统之中，是我们的根和魂。

　　中国文化博大精深，是中华各族人民五千年来创造、传承下来的物质文明和精神文明的总和，其内容包罗万象，浩若星汉，具有很强文化纵深，蕴含丰富宝藏。传承和弘扬优秀民族文化传统，保护民族文化遗产，建设更加优秀的新的中华文化，这是建设美丽中国的根本。

　　总之，要建设美丽的中国，实现中华文化伟大复兴，首先要站在传统文化前沿，薪火相传，一脉相承，宏扬和发展五千年来优秀的、光明的、先进的、科学的、文明的和自豪的文化，融合古今中外一切文化精华，构建具有中国特色的现代民族文化，向世界和未来展示中华民族的文化力量、文化价值与文化风采，让美丽中国更加辉煌出彩。

　　为此，在有关部门和专家指导下，我们收集整理了大量古今资料和最新研究成果，特别编撰了本套大型丛书。主要包括万里锦绣河山、悠久文明历史、独特地域风采、深厚建筑古蕴、名胜古迹奇观、珍贵物宝天华、博大精深汉语、千秋辉煌美术、绝美歌舞戏剧、淳朴民风习俗等，充分显示了美丽中国的中华民族厚重文化底蕴和强大民族凝聚力，具有极强系统性、广博性和规模性。

　　本套丛书唯美展现，美不胜收，语言通俗，图文并茂，形象直观，古风古雅，具有很强可读性、欣赏性和知识性，能够让广大读者全面感受到美丽中国丰富内涵的方方面面，能够增强民族自尊心和文化自豪感，并能很好继承和弘扬中华文化，创造未来中国特色的先进民族文化，引领中华民族走向伟大复兴，实现建设美丽中国的伟大梦想。

目　录

裸子植物

美人松——长白松　002

柏树之王——巨柏　010

东方圣者——银杏　017

植物国宝——水杉　027

活化石——百山祖冷杉　033

参天金松——金钱松　039

铁之树——苏铁属　045

被子植物

056 高档之材—楠木

061 茶族皇后——金花茶

067 金玉之花——玉叶金花

071 传奇神药——人参

078 一根草——独叶草

084 鸽子树——珙桐

091 雨林巨人——望天树

095 报恩花——宝华玉兰

101 小花木兰——天女木兰

孢子植物

不死之药——灵芝　108

还魂草——卷柏　117

裸子植物

　　裸子植物是指植物的种子外没有果皮包被而裸露在外的植物。它最初出现在古生代，故被称为"植物活化石"。

　　我国是裸子植物最多的国家，共有250多种，隶属34个属、10个科。裸子植物具有种类繁多、起源古老、多孑遗成分以及多针叶林类型等特点。

　　近来我国裸子植物受到了不同程度的威胁，引起有关部门的高度重视，先后有40种、4类裸子植物被列为国家重点保护野生植物，并建立了自然保护区和一系列科学研究单位，使一大批珍稀濒危的裸子植物得到了保护。

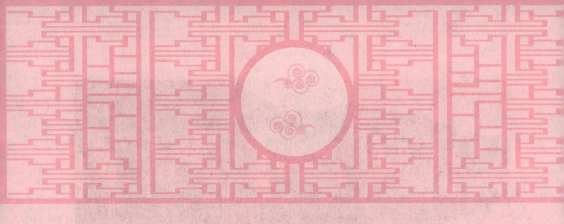

美人松——长白松

传说从前长白山下有一位张老头，他收养了一个孤儿，起名松女，父女俩相依为命，艰难度日。松女19岁那年，从黑熊掌中救出了一个叫袁阳的小伙子，从此两人相爱了。

但是，山盗一直想霸占松女，先后害死了松女的爷爷和松女挚爱着的袁阳。满腔仇恨和痛苦的松女在深山里和山盗们展开了一场生死搏斗，机智的松女终于战胜了山盗。

松女也已遍体鳞伤，她爬到自己家乡的白河岸边，便咽下了最后一口气。

悲伤的乡亲们就把松女葬在了白河边，说来也奇怪，后来就在安葬松女的地方长出了许多长白松，因为它秀美颀长、婀娜多姿，像一个个亭亭玉立、浓妆淡抹的美女，人们叫它"美人松"。

还有一个传说，说是在很久以前，有一个黑风妖，霸占了白河这块风光如画的宝地。黎民百姓惨遭蹂躏，鸟兽横遭灾殃。

长白山的山神之女，就是美丽勇敢的绿珠姑娘，她为了拯救众生，挺身而出，挥舞寒冰剑与妖怪在长白山大战了几百回合。一时间山摇地动，雷鸣电闪，飞沙走石，日月无光，只见一团团白光在黑风狂沙中滚动。

战斗了三天三夜，绿珠姑娘终于用寒冰剑重创了妖怪，并把它压在长白山上的绝壁之下，用镇妖石镇住了。这个地方就是后来长白山的黑风口。

在这里，后来还能听到黑风妖呜呜的吼叫声，简直令人不寒而栗。在白河地面，妖孽所吐的黑土厚有数米，绵延了几万平方米。

绿珠姑娘降住了妖孽，但是她的左肩也被抓出了5个血洞。她的一滴滴鲜血滴落到地面，后来就化成了一棵棵像绿珠姑娘一般美丽、挺拔的美人松。

绿珠姑娘的伤好后，她被玉帝召到了天庭，专管人间的森林和花草。她每年都要在春暖花开的季节到白河边巡护一次，为美人松喷洒甘露，梳妆打扮，并不辞辛劳地装饰着白河大地，呵护着善良人们的幸福平安。

在长白山区，拥有茂密的森林，众多的温泉、瀑布、山花、天池、奇峰巨石，这里历史上火山活动频繁，土壤含有丰富矿物质，非常肥沃。再加上这里雨量充沛，是野生动植物生活的"天堂"。

长白山最丰富、最宝贵的生态资源便是那一拂苍翠、万顷碧波的大森林，同时又是长白山万物生灵得以滋润生息的无尽之源。装点长白山景致的，就是那四季常青、碧海绿涛的针叶植被。

在长白山海拔较高地带，展现出独特的自然景观，这就是红松阔叶混交林。在这茂密的红松阔叶混交林带的下部生长着许多珍稀的植物，其中著名的"长白松"就是其中之一。

　　长白松零星或成片地高耸于混交林中，它的主干高大，挺拔笔直，下部枝条早期就脱落了，侧生枝条全都集中在树干的顶部，形成了绮丽、开阔、优美的树冠。而那些左右伸出的修长枝条既苍劲又妩媚，在微风吹拂之下，轻轻摇曳，仿佛在向人招手致意。

　　长白松的枝干也特别美丽，它的上部金黄色，下部棕黄色，如果在严冬大雪纷飞之后，映衬着白雪皑皑的大地，红装素裹，别有一番风趣，因此当地人给它起了一个动人的名字，那就是"美人松"。

　　美人松在莽莽林海中显得亭亭玉立，多姿多彩。美人松一群群、一片片散落在二道白河两侧，如同一个个身材秀逸的窈窕淑女，展臂伸肢，翩翩起舞。它就像泰山顶上的迎客松，迎风招展，欢迎天下朋友。

　　人们对美人松的说法不一，有的认为它火暴，树身青筋暴骨，像开裂一般，而且呈紫红色，就像一幅人体素描一样。人们就喜欢这种火暴的性格，无遮无掩，向人间袒露着一片真诚，深得人们喜爱。

　　长白松生长在我国的长白山区，它的发现曾引起植物学界的极大震动。根据它的叶、花、果实和树皮，有的专家认为它最像樟子松，是樟子松的变种，有的认为它最像欧洲赤松。

经过研究，普遍认为长白松是欧洲赤松在我国分布的一个地理变种。

后来，"美人松"被正式命名为"长白松"，它便跻身于我国珍稀植物的行列之中。它的发现不仅给长白山特有的植物家族增添了一名优秀的成员，而且对研究这一地区的植物区系提供了一份"活资料"。

长白松属于长绿乔木，一般高25米至30米，直径0.25米至0.4米。树皮下部呈淡黄褐色或暗灰褐色，深龟裂，裂成不规则的长方形鳞片。树皮中上部呈淡褐黄色或金黄色，裂成薄鳞片状，鳞片剥离并微反曲。

长白松的树冠呈椭圆形、扁卵状三角形或伞形等。针叶两针束，叶长4厘米至9厘米，粗硬，稍扭曲。叶宽1毫米至1.2毫米，边缘有细锯齿，两面有气孔线，树脂道4个至8个，边生，稀1个至2个中生，基部有宿存的叶鞘。

长白松的冬芽呈卵圆形，有树脂，芽鳞红褐色。一年生枝浅褐绿色或淡黄褐色，无毛，3年生枝灰褐色。

长白松的雌球花呈暗紫红色，幼果淡褐色，有梗，下垂。花期5月下旬至6月上旬，球果在第二年8月中旬成熟，结实间隔期三五年。

长白松球果锥状卵圆形，长四五厘米，直径3厘米至4.5厘米，成熟

时淡褐灰色；鳞盾多少隆起，鳞脐突起，具短刺；种子长卵圆形或倒卵圆形，微扁，灰褐色至灰黑色，种翅有关节，长1.5厘米至2厘米。

长白松分布地区的气候温凉，湿度较大，积雪时间长。年平均温4.4摄氏度，年降水量600毫米至1340毫米。长白松适合生存在火山灰土上的山地，一般是暗棕色森林土及山地棕色针叶森林土，这样腐殖质含量少，保水性能低而透水性能强。

长白松为阳性树种，根系深长，可耐一定干旱，在海拔较低的地带常组成小块纯林，在海拔1.3千米以上常与红松、红皮云杉、长白鱼鳞云杉、臭冷杉、黄花落叶松等树种组成混交林。

长白松天然分布区域很狭窄，只存在于吉林省安图的长白山北坡，在海拔700米至1600米的二道白河与三道白河沿岸的狭长地段，存

在着小片纯林及散生林木。

长白松属于渐危物种，由于未严加保护，在二道白河沿岸生长的小片纯林，逐年遭到破坏，分布区域日益减少。

为此，有关部门在长白松分布地区划分了保护区，并把长白松列为重点保护树种，加强天然更新，提高母树结实率，采取采种、育苗，扩大其造林面积。在哈尔滨、白城、沈阳等地，都进行了引种栽培，长势非常良好。

在高龄长白松主要分布的长白山等国家公园处，对每一棵长白松进行了档案登记和专门管理。各种基础设施、游乐设施都以保护树木为首位，不准借用各种名义进行损坏，明确违反者要承担相应的法律责任。

对保护区的幼树加强了保护。在保护区以外大力发展种植幼树，同时规定成材大树不得随意砍伐，为长白松的生长营造了良好的环境。

知识点滴

传说在从前，有一条恶龙霸占了长白山，天池的水不能流出来灌溉良田，人们受尽了干旱的折磨。

有一个木匠不怕恶龙淫威，他拿着斧子跳入天池，和恶龙展开了搏斗，木匠的妻子抱着水罐在山上等候。

经过三天三夜的搏斗，恶龙被木匠砍下了头，天池水又重新流了出来，人们终于得救了，可是木匠再也没有力气上岸了。

木匠年轻美丽的妻子不相信自己的亲人会死去，她一直守候在山头，期待着丈夫归来。天长日久，她渐渐变成了一棵美丽的松树，人们就叫它长白松。

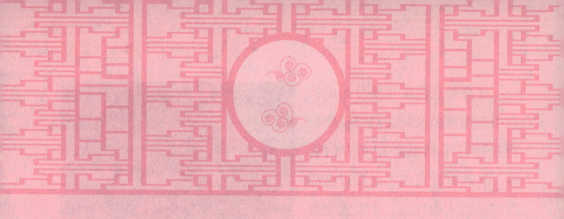

柏树之王——巨柏

　　相传，在雅鲁藏布江北岸的扎玛山麓修建西藏第一座寺庙桑耶寺时，木料需要从贡布地区运送到这里，但那时由于没有山路，运送木料的人需要经过千山万水才能将木料运送到桑耶寺。在这种恶劣情况

下，造成了很多人员伤亡。

一位菩萨实在不忍心了，于是用法术将自己变成了乌鸦。它站在藏东与山南的分界线上，也就是加查山上，对那些运送木料的人说："桑耶寺已经竣工了，不再需要运送木料了。"

运送木料的人们就高兴地把大量木料丢在了岸边，纷纷跑回家去了。这些木料就地生根发芽，后来就变成了一棵棵整齐的巨柏。

好心的乌鸦因为说了谎，后来就变成了江边的乌鸦石，

从加查到山南方向的乌鸦也都变成了哑巴，以后不能到加查山那一边的地方去了，只能世世代代在加查山的这边生活，这也就是加查山的那一边没有乌鸦的原因。

关于巨柏，在西藏还流传着另外一个传说。说是在1000多年前，在西藏的贡布地区，出了个名叫登巴玛丹·桑珠的人。他多才多艺，创作了许多有名的贡布民歌以及箭歌、箭舞，还亲手制成了西藏第一把六弦琴，创作了一套六弦歌曲。

那规模宏大的贡布"恰巴波"，传说也是他编导的。登巴玛丹·桑珠决心把他创作的歌曲传遍全藏，临行前，他在八集栽下了这

棵柏树。他还说："我如果回不来了，你们每隔12年就在这棵树下演出一次我所编创的歌舞。"

说完，他带着50名精壮的小伙子，骑着马、背着箭出发了。

他们来到加查，加查领主不让通过，关住了前后山门。登巴玛丹·桑珠和加查领主打了一仗，终因人少势单，失败了。他射出一支石头箭，从加查直射到贡布。至今，这一带山还留有石箭射过的痕迹。

他的箭上拴了一封信，说他再也不能回去了。贡布老百姓痛哭流涕，一齐聚到柏树下悼念。

人们看到登巴玛丹·桑珠亲手栽的柏树，就好像又看到了他。人们更加珍爱这棵柏树，精心地灌溉它，经过千百年的风风雨雨，它竟长成了参天大树。每隔12年，在柏树下，人们跳"恰巴波"，唱"箭歌"，七天七夜也不肯散去。

后来，在惊涛拍岸的雅鲁藏布江两岸，一棵棵巨大的柏树像两列挺拔的卫兵一样，整齐庄严。它们形态各异，1000棵树就有1000种姿态，或弯或直，或倾或卧。每一棵树都能让人们看出它经历沧桑，却依然静静地站在这里，聆听着滔滔江水，诉说着传奇的故事。

在我国西藏朗县米林到尼洋河中下游一带的河谷中，常分布有零星的柏树，塔形的树冠以及挺拔的树干十分惹眼，这就是这里特有的古树巨柏，也称为"雅鲁藏布江柏树"。

巨柏属于柏科常绿大乔木，是松杉目中数量最多的一科。巨柏一般高25米至45米，胸径达1米至3米。树皮呈条状纵裂，树枝生有鳞状的叶，排列紧密且呈四棱形，外面常被有一层蜡粉。

巨柏的叶对生或轮生，呈鳞片状而下延，稀线形。末端的小枝粗约2毫米，三四年生的枝呈淡紫褐色或灰紫褐色，叶鳞形，交叉对生，紧密排成4列，背有纵脊或微钝，近基部有一个圆形的腺点。

巨柏的球花较小，单性同株或异株，顶生或腋生。雄球花有3对至8对交互对生的雄蕊，每个雄蕊有2至6花药，花粉无气囊。雌球花由3枚至16枚交叉对生或三四枚轮生的珠鳞组成，每珠鳞生有胚珠，苞鳞

与珠鳞合生。

巨柏的球果单生于侧枝顶端，于第二年成熟。球果呈矩圆状球形、卵圆形或长圆形，外面有一层白粉，长1.6厘米至2厘米，直径1.3厘米至1.6厘米。球果九十月成熟，成熟时，珠鳞发育为种鳞。

种鳞有6对，交互对生，木质或革质，盾形，露在外面的部分很平，常呈五角形或六角形。球果上部的种鳞呈四角形，中央有明显而凸起的尖头，能繁育种鳞。种鳞成熟时开裂，有时呈浆果状，不开裂。每种鳞内面基部有种子。种子呈扁平褐色，两侧具窄翅。子叶2枚，稀数枚。

巨柏分布区域地处印度洋潮湿季风沿雅鲁藏布江河谷西进的路径，年平均气温8.4摄氏度，年降水量不足500毫米。

巨柏适于干旱多风的高原河谷环境，长在中性偏碱的沙质土地，常在海拔3000米至3400米的沿江阳坡、谷地开阔的半阳坡及干旱的阴坡组成稀疏的纯林，或在江边成行生长，具有抗寒、抗强风的特性。

巨柏是我国珍稀、特有树种之一，是我国柏科树种中树龄最长、胸径最大的巨树。年龄多在百年以上，其中有些是千年古树，被当地人尊称为"神树"而加以保护。

巨柏材质十分优良，可作为雅鲁藏布江下游的造林树种。巨柏天然分布区十分狭窄，主要分布在雅鲁藏布江朗县至米林附近的沿江地段，西藏甲格以西分布较多，在尼洋河下游林芝以及波密也有分布。

柏树与松树一样，高大挺拔，而且四季常绿、历冬不凋。以树喻人，柏树不惧严酷艰险，这当然是一种非常可贵的本质了，因此有"岁寒而知松柏之后凋也"和"岁不寒，无以知松柏；事不难，无以知君子"等说法，进而衍生出了古老的崇尚松柏的"松柏文化"。

我国历朝历代，不知有多少文人墨客热衷于歌颂松柏，将它称为"精神知己"。我国古籍解释"柏"字意义时说：

柏，阴木也……木皆属阳，而柏向阴指西，盖木之有贞德者，故字从白……白，西方正色也……

这里大体意思是说，柏不像一般树木那么"趋阳附势"，偏偏很另类地要"向阴指西"，这都是松柏文化的影响，是把柏树比作讲究气节的君子。

巨柏有"世界巨柏王"之称，是我国特有的树种之一，对研究柏科植物的系统发育和西藏植被的发生发展及其环境的关系，都有重要的意义。

巨柏属于濒危物种，为此，

有关部门在林芝巨柏分布地区划定了自然保护区，选择分布集中、生长良好的林木作为自然保护点。在保护区内禁止砍伐，并大力采种育苗，营造人工林。

林芝巨柏自然保护区，是一片比较完整的巨柏纯林，树木十分集中，生长较好。其中最大的一株巨柏树高46米，胸径4.46米，需要10多个成年人合围才能抱住它，树冠投影面积1亩有余。

这株巨柏的年龄约2500岁，为我国生存柏科树种中树龄最长、胸径最大的巨树，被当地人以"神树"之尊加以保护。

林芝古柏在当地藏族群众的心目中是圣树，传说西藏本教开山祖师辛饶米沃的生命树就是古柏。所以，林中那些最大最古老的树身上总是缠挂着风马，树林中还到处是玛尼堆，常有信徒远道前来朝拜。因此，巨柏有着深刻的文化内涵。

知识点滴

藏族先民认为灵魂是不灭的，死后会离开肉体独立存在，甚至在一个人生前也是如此，灵魂会寄托在有生命的动植物或无生命的石头、湖泊上等。灵魂一旦有了另外一个寄托，生命也就多了一层保障，即使人体受到了伤害，也会很快复原。

在雅鲁藏布江支流尼洋河东岸，生长着几百棵巨大的柏树。其中最大的一棵，与藏地原始宗教本教的始祖顿巴·辛饶米沃关系不小。传说当年辛饶米沃到贡布传教时经过娘布来到巴吉拉卡，这里就长出了一棵高大柏树，名为桑瓦秀巴，意思就是柏树。

后人说，这棵大柏树就是辛饶米沃大师的"第二存在"。

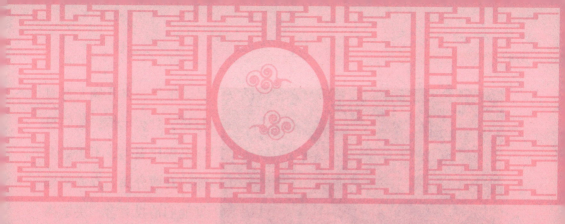

东方圣者——银杏

传说很久以前，在一座大山深处，生活着两户人家，他们常年靠打猎为生。一户姓周，生有一男，取名"银生"，浓眉大眼，一表人才；一户姓王，生有一女，取名"杏儿"，身材窈窕，杏眼桃腮。

银生、杏儿俩人青梅竹马，日久生情，他们想学梁祝比翼飞，不想做牛郎织女两分离。双方父母见他们情投意合，决定择良辰吉日为他们完婚。

可是邻村有一位财主早就垂涎杏儿的美貌，一心想霸占杏儿做八姨太。

一天，财主带着10多个家丁，抬着一乘花轿，来到了王家。他见只有杏儿母女在家，便吩咐家丁一拥而上，连拖带拽，把杏儿塞进花轿，抬上便走。

杏儿母亲上前阻拦也被可恶的家丁一脚踢倒在地，当场昏死过去。杏儿拼命呼喊挣扎，但也无济于事。

性急的财主把杏儿抬回家后，就急着拜堂成亲。杏儿性情刚烈，趁人不备，一头撞向香案。财主见硬来不行，便只好命人先将杏儿关进柴房。

晚上夜深人静之时，银生拿着柴刀悄悄来到财主家，他劈死了守门的4只狗，又打晕了护院的家丁，才进入财主家寻找杏儿，终于在柴房找到杏儿，并将其救下一起逃走了。

银生、杏儿在路上不敢多作停留，他们饿了吃野果，渴了喝泉水，翻山越岭走了九九八十一天。终于，他俩来到一个僻静、美丽的村子。银生、杏儿决定在这里安家。他们男耕女织，小日子过得倒也有滋有味。

可是有一天，财主还是带人找到了这里，他们打听到了银生、杏儿的住处后，不由分说，便将杏儿五花大绑准备带回财主家。杏儿岂肯就范，银生也拼命相救。

财主就命人将银生打了个半死，并在他身上捆上了一块大石头要把他沉入池塘。

就在这时，突然天昏地暗、飞沙走石，狂风卷起财主及家丁重重地摔下悬崖，顷刻就毙命了。之后又晴空万里了，银生、杏儿却变成了两棵参天大树：一棵盘根错节、枝粗杆壮；一棵纤细柔润、婀娜多姿。

他们聚天地之精华，日生夜长，硕果累累。因为这两棵树是银生、杏儿变的，大家就叫它们"银杏树"。

后来，村里人有病痛之时，就取其叶或果实，煮沸饮服，便立即见效。银杏树造福村人，村人对银杏树也备加呵护。这两棵银杏树枝繁叶茂，护佑着一方百姓。每年，方

圆几十千米的村民都在六月十五这天来到树下焚香上供。

还有一个传说，说是从前没有银杏树，只有神仙吕洞宾那里有一棵银杏树，每年只结8粒果子，8位神仙每人只能分到一粒，作为仙果很是稀奇。

有一年，王母娘娘到吕洞宾的仙府做客，此时正是银杏成熟的季节，王母娘娘看到金黄色的银杏果子，很是眼红，于是乘众仙不备，摘了两个藏在袖子里。

不料被果童发现了，并告诉了吕洞宾。吕洞宾很生气，便派张果老骑驴去追赶。张果老追到王母后，王母很无奈，只好把果子扔下了。恰巧这两棵种子落在了观竹寺里，第二年竟长出了两棵小银杏树。

这两棵树很神奇，一日出土，二日长叶，三日分枝。当中有两个最长的树枝，一枝指向西天"瑶池"，另一枝指向洞宾仙府，不几天就长成了大树，当地老百姓都称之为"神树"。

寺里的长老很高兴，可是到了春天，这两棵树光开花就是不结果子。长老又感到非常失望，于是让小和尚烧香祈祷，求神仙帮忙。

这件事惊动了果仙韩湘子，就托梦给长老说："这两棵树是一公一母，不成亲不能结果子……"

长老听后，便选良辰吉日为其举办了婚礼，并用红线牵引，将分枝联在一起，并祝祷：

　　白果女，白果男，红线牵引结良缘，今日行婚礼，结果敬人间……阿弥陀佛！

说来也奇怪，第二天果然结出了果子，从此白果树开始在这里"生儿育女"。后来，白果仍被医学界视为名贵的良药，为人们防治着百病，可以说真是神树。那它到底是一种什么树呢？

银杏俗称白果，古时又称鸭脚树或公孙树。银杏属落叶大乔木，高可达40米，直径可达4米。其幼树树皮比较平滑，呈浅灰色，幼树长成之后树皮呈灰褐色，具不规则纵裂。树枝有长枝与生长缓慢的距状短枝之分。

银杏叶互生，扇形，两面均为淡绿色，叶柄细长，宽5厘米至8厘米。其叶在长枝上辐射状散生，在短枝上四五枚簇生，短枝上的叶常

具波状缺刻。

银杏雌雄异株，罕见雌雄同株。球花单生于短枝的叶腋；雄球花成菜黄花序状，雄蕊多数，各有两花药；雌球花有长梗，梗端常分两叉，叉端生一有盘状珠托的胚珠，一个胚珠发育成种子。

银杏种子，核果状，具长梗，下垂，呈椭圆形、长圆状倒卵形、卵圆形或近球形，长2.5厘米至3.5厘米，直径1.5厘米至2厘米。银杏的种子有肉质假种皮、骨质中种皮和膜质内种皮3层种皮，中间包裹着胚和胚乳。中种皮为白色的硬壳，因此俗称"白果"。银杏种子成熟时呈淡黄色或橙黄色。

银杏一般3月下旬至4月上旬萌动展叶，4月上旬至中旬开花，9月下旬至10月上旬种子成熟，10月下旬至11月落叶。银杏寿命长，幼树生长较慢，发芽性很强。雌株一般20年左右才开始结实，500年树龄的银杏仍能正常结实。

银杏的适应性强，对气候、土壤的要求不是很严格，在我国许多地区均有分布。在我国，银杏北可达辽宁沈阳，南可至广东广州，东

南至台湾南投，西可抵西藏自治区昌都，东可至浙江舟山普陀岛。

野生的银杏主要分布于水热条件比较优越的亚热带季风区，土壤多为黄壤或黄棕壤，偏酸性。常与其相伴生的植物有柳杉、金钱松、榧树、杉木、蓝果树、枫香、天目木姜子、香果树、响叶杨、交让木、毛竹等。

银杏是裸子植物中最古老的孑遗植物，和它同纲的所有其他植物皆已灭绝。据相关研究，银杏最早出现于3.45亿年前的石炭纪，曾广泛分布于北半球的欧、亚、美洲，像动物界的恐龙一样称王称霸。

大约在50万年前，就是第四纪冰川运动时，地球突然变冷，中欧及北美等地的银杏树全部灭绝了，只在我国存活了一种，因此成为我国独特的树种，在学术界一直被誉为"活化石"和"植物界的熊猫"。

后来著名学者郭沫若称之为"东方的圣者""中国人文的有生命的纪念塔"，是"完全由人力保存下来的珍奇"，是"随中国文化与生俱来的亘古的证人"。

银杏为银杏科唯一存活的种类，具有许多原始的性状，对研究裸子植物系统发育、古植物区系、古地理及第四纪冰川气候具有重要的价值。银杏树的价值不仅在于它能跨越"有史时期"而生存下来，更

重要的是它能在这漫长的"地质时期"保持该物种的遗传稳定。

银杏树气势雄伟，树干虬曲、葱郁庄重，寿龄绵长。银杏以其苍劲的体魄、独特的性格、清奇的风骨、较高的观赏价值和经济价值而受到世人的钟爱和青睐。

在我国的名山大川、古刹寺庵，无不有高大挺拔的古银杏，它们历经沧桑、遥溯古今，给人以无限的神秘莫测之感。

唐代著名诗人王维曾作诗咏道：

银杏栽为梁，香茅结为宇。

不知栋里云，去做人间雨。

宋代大词人苏东坡也有词赞道：

四壁峰山，满目清秀如画。

一树擎天，圈圈点点文章。

　　银杏是我国特有而丰富的经济植物资源。银杏的树体高大，俊美挺拔，叶片玲珑奇特，季相分明有特色，是理想的园林绿化、行道树种。它对不良环境条件具有抵抗能力，而且无病虫害，是优良的抗污染和绿化树种。它还能涵养水源，防风固沙，保持水土，是理想的防风林带栽培树种。

　　银杏树浑身都是宝。其果为上等干果，味道甘美，可食用亦可药用。树种仁营养丰富，其中含有淀粉、粗蛋白、核蛋白、粗脂肪、蔗糖、矿物质、粗纤维等，是高档的滋补果品。银杏树叶的主要成分有黄酮苷、总萜内酯、白果内酯，也具有很高的药用价值。

　　银杏树木材质地优良，干燥速度快且不翘裂，并有特殊的药香味，素有"银香木"之称。银杏木材常用于建筑、镶嵌、各种雕刻工艺、高级文化和乐器用品等。

　　银杏树是珍贵树木，已被列入我国古树名木的保护管理法律、法规之内。提出建立档案和标志，规定保护范围，加强养护管理。并严格强调严禁砍伐或者迁移，对砍伐、擅自迁移者或因管护不善致使受

到损伤或者死亡的，要严加查处，并依法追究责任。

这些法律法规为保护古银杏、发展银杏事业起到了积极的作用。

传说在很久以前，住在江苏泰兴的村民过着温馨而祥和的生活。有一天，来了个可恶的蝙蝠精妖魔，它施展魔法到处作怪，让村民们疾病缠身，家禽家畜也不断失踪。

观音菩萨为了普度众生，便派了一位美丽善良的银杏仙子下凡降妖。银杏仙子化作一棵银杏树，长在了单身青年金泰的门前，她受到了金泰的悉心护理。他们朝夕相处，日久生情，便结为了夫妻。

为了完成护村安民的使命，这对生死相随的爱情男女决定珠联璧合，合力同斗恶魔。经过一番殊死搏斗后，蝙蝠精被除掉了。为了给村里子孙后代带来永久的幸福和安康，金泰夫妻俩化作了雌雄两棵银杏树，根枝相连，便永远扎根于泰兴了。

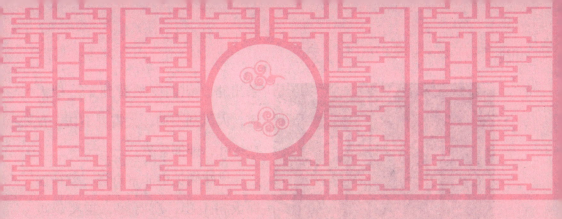

植物国宝——水杉

　　相传在很久以前，接连不断的大雪把万物都冻死了，只剩下一对土家族兄妹。哥哥名叫覃阿土希，妹妹名叫覃阿土贞。

　　到处是白茫茫的大雪，为了活下去，兄妹两人就走呀走，想找一

条出路。他们忽然看到了一棵大树，大风刮不动，大雪埋不住，青枝绿叶，郁郁葱葱。

兄妹俩觉得非常奇怪，就往这棵大树上爬，爬呀爬，越爬越暖和，越爬越亮堂，他们再向上看时，已经爬到了天宫！

在天宫里，观音菩萨对兄妹俩说："世上只剩下你们俩了，你们就下凡成亲吧！"

妹妹怕羞，菩萨指着他们爬上来的那棵大树说："它是水杉，你们可以折一根树枝做一把伞，脸遮住就不羞了。"因此，后来土家族姑娘到出嫁上轿时都要打一把伞。

兄妹俩成亲后，生下了一个红球，这个球飞起来爆炸成了许多小块儿，落到地上就变成了人，这些人就成为后来的土家族人。

这棵神奇的大树也就是后来被誉为植物界"活化石"的水杉。

水杉属于落叶乔木，树干通直挺拔，高达35米至40米，胸径达1.6米至2.4米。其幼树树冠呈尖塔形，老树则呈广圆头形。

水杉的树皮呈灰褐色或深灰色，裂成条片状脱落，内皮呈淡紫褐色。大枝近轮生，小枝对生或近对生，下垂。水杉一年生的枝呈淡褐色，两三年生的枝呈灰褐色，枝的表皮层常成片状剥落，侧生短枝长4厘米至10厘米，冬季与叶俱落。

　　水杉的枝子向侧面斜伸出去，全树犹如一座宝塔。它的枝叶扶疏，树形秀丽，既古朴典雅，又肃穆端庄。

　　水杉的叶长1.3厘米至2厘米，宽1.5毫米至2毫米，交互长在绿色脱落的侧生小枝上，排成羽状两列，呈扁平条形，十分柔软，几乎无柄。叶的上面中脉凹下，下面沿中脉两侧有4条至8条气孔线。叶子细长而扁，向下垂着，入秋以后便脱落。

　　水杉雌雄同株，雄球花单生叶腋或苞腋，卵圆形，交互对生排成总状或圆锥花序状，雌球花交互对生。球果下垂，当年成熟。水杉果呈蓝色，可食用，近球形或长圆状球形，微具四棱，长1.8厘米至2.5厘米。

　　水杉的种鳞薄而透明，苞鳞木质，呈盾形，背面呈横菱形，有一横槽，熟时呈深褐色。水杉的种子呈倒卵形，扁平，周围有窄翅，先端有凹缺。水杉每年2月开花，果实10月下旬至11月成熟。

　　水杉多生长在山谷或山麓附近地势平缓、土层深厚、湿润或稍有积水的地方，耐寒性强，耐水湿能力强，适宜生长在轻盐碱地，或生长在酸性的山地黄壤、紫色土或冲积土。

　　水杉为喜光性树种，根系发达，在长期积水排水不良的地方生长缓慢，树干基部通常膨大和有纵棱。

　　水杉适应生长的温度为零下8摄氏度至38摄氏度。分布地的气候温暖湿润，夏季凉爽，冬季有雪而不严寒，年平均温13摄氏度，年降水量1500毫米，年平均相对湿度82%。

　　水杉天然分布在湖北、重庆、湖南三省交界的利川、石柱、龙山的局部地区，垂直分布一般为海拔800米至1500米。后引进到各地进行栽培，在许多植物园也有生长。

　　江苏省邳州的"市树"是水杉树，邳苍路4千米水杉林带被海内外誉为"天下水杉第一路"。

　　沿着邳州城区向北，高大挺拔的水杉整齐地排列在道路两旁，庞大的树冠构成一条漂亮的绿色通道。两旁的水杉树，挺拔俊秀，郁郁葱葱，像是等待检阅的士兵，巍然屹立在天然绿色甬道间，它的茂密、深邃深深吸引着人们，仿佛让人走进了一个清雅世界。

水杉是一种从古代植物保存下来的"活化石"，它与动物中的大熊猫一样，在植物中，它是只有我国才有生长的古代孑遗植物，所以人们称它为"中国的国宝""植物界的熊猫"。

水杉是一种古老的植物。远在一亿多年前的中生代上白垩纪时期，水杉的祖先就已经诞生于北极圈附近了。大约在新生代的中期，由于气候、地质的变迁，水杉逐渐向南迁移。

至新生代的第四纪，地球上发生了冰川，水杉抵抗不住冰川的袭击，从此开始绝灭。我国少数水杉，躲进了四川、湖北交界一带的山沟里，活了下来，成为旷世的奇珍。

水杉对于古植物、古气候、古地理和地质学，以及裸子植物系统

发育的研究均有重要意义。

水杉是著名的观赏树木，它不仅能够净化空气，同时也是荒山造林的良好树种。它的适应力很强，生长极为迅速，在幼龄阶段，每年可长高1米以上。

水杉的经济价值很高，其材质细密轻软，是造船、建筑、桥梁、农具和家具的良材，同时还是质地优良的造纸原料。

为了保护水杉，我国有关部门专门设立了水杉种子站，建立了种子园，加强了母树的管理，对5000多棵林木进行逐株建档，采取了砌石岸、补树开排水沟、防治病虫害等保护措施，加速育苗造林。有的地区还对水杉采取了挂牌保护。

水杉天然更新弱，还特别注意了保护幼苗，促进其成长，避免了残存水杉林被其他树种所更替的现象，较好地保护了水杉树的生长繁育。

知识点滴

传说神农氏为了给人们治病，他经常去深山老林中采集药物、亲尝百草。

有一天，他在树林里寻找草药，走遍了树林，没看见一只鸟和大的野兽。神农觉得很奇怪，在无意中，他的手碰上了杉针叶，刺得他浑身难受。他气得掰开杉枝，想要把它折断，这一下，刺得他更加痛和痒了。

神农正要发脾气，但他转念一想，杉树的全身长满了棘刺，那么吃人的野兽就难以藏在树丛中了。于是，他不由得称赞道："这样的好树，能造福子子孙孙，永远都会砍不尽啊！"

所以，后来杉树被砍后，苑上总能发出新苗，生生不息。

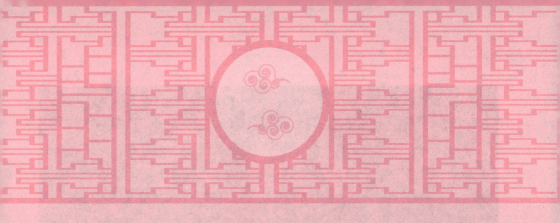

活化石——百山祖冷杉

相传在远古时候，在浙江百山祖下的一个山村里有个姑娘名叫"杜鹃"，长得俊俏、可爱，又聪明能干。同村有个英俊小伙名叫"冷杉"，是个有名的猎手。他们俩相亲相爱，形影不离。

不料这事被百山祖的山霸王马皇知道了，他早就想霸占杜鹃做他的小妾，于是他顿时起了恶意，要把冷杉抓来做他的奴仆，于是就带领一伙恶奴去抓杜鹃与冷杉。

杜鹃和冷杉闻讯，便一起

逃往百山祖的深山密林中。不幸的是，他们最后还是被山霸一伙追上了，双双中了马皇的毒箭而死去。

这时，有一采药的神仙恰好路过此地，目睹此情非常气愤，便撒出了一把竹籽。霎时，他的身边长出了密密麻麻的箭竹林，不断地向远处延伸，很快就将山霸一伙紧紧地围困起来，直至他们全都饿死、冻死。

神仙怀着同情之心，向遇难的这对情侣身上吹了一口仙气，顿时，男的变成了高大挺拔的冷杉树，女的变成了鲜艳多姿的杜鹃花。

后来，百山祖山上便生长了箭竹和冷杉树，还开放有美丽的杜鹃花。杜鹃和冷杉结成了终身伴侣，永远生活在一起，永远相亲相爱。

至于马皇，因为太坏，最后变成了令人厌恶的旱蚂蟥。

百山祖冷杉是冷杉属常绿乔木，具有平展、轮生的枝条，成年树一般高17米，胸径达0.8米。树皮呈灰黄色，不规则块状开裂。大枝平展，枝皮不规则浅裂。小枝条一左一右对称而生，一年生枝呈淡黄色或灰黄色，无毛或凹槽中有疏毛。

冬芽呈卵圆形，有树脂，生于枝顶，3个排成一平面，中间之芽常较两侧之芽为大。在小枝节间上面生有一芽，其后发育成直立枝。芽鳞淡黄褐色，呈三角状卵形，背面中上部具钝纵脊。

百山祖冷杉的叶子呈螺旋状排列，在小枝上面辐射伸展或不规则两列。中央的叶较短，小枝下面的叶梳状，线形，长1厘米至4.2厘米，宽0.25厘米至0.35厘米。

先端有凹下，下面有两条白色气孔带，树脂道两个，边生或近边生。横切面有两个边生树脂道或生于两侧端的叶肉薄壁组织内，上面至下面两端及下面中部有一层连续排列的皮下层细胞，幼枝之叶在枝

上常呈两列，先端呈二尖裂。

百山祖冷杉雌雄同株，球花单生于去年生枝叶腋。雄球花下垂，雌球花直立圆柱形，长3厘米至3.5厘米，径约0.8厘米。有多数螺旋状排列的球鳞与苞鳞，苞鳞大，每一珠鳞的腹面基部有2枚胚珠，苞鳞上部向后反曲。

球果通常每一枝节之间着生1个至3个，直立，呈圆柱形，有短梗，长7厘米至12厘米，直径3.5厘米至4厘米，成熟前绿色至淡黄绿色，成熟时淡褐色或淡褐黄色。

种鳞呈扇状四边形，稀近肾状四边形，长1.8厘米至2.5厘米，宽2.5厘米至3厘米，先端近全缘或有极细之细齿，两侧边缘有不规则锯齿，基部楔形、两侧耳状。

苞鳞较窄，稍短于种鳞或几相等长，长1.6厘米至2.3厘米，中部收缩，上部近圆形，宽0.7厘米至0.8厘米，边缘有细齿，先端露出，反

曲，具突起的短刺状。

成熟后种鳞、苞鳞从宿存的中轴上脱落；种子倒三角形，长约1厘米，具宽阔的膜质种翅，种翅倒三角形，长1.6厘米至2.2厘米，宽0.9厘米至1.2厘米。

百山祖冷杉的幼树十分耐阴，但生长不良。大树枝条常向光面屈曲。结实周期四五年，多数种子发育不良，5月开花，11月球果成熟。

百山祖冷杉是浙江省百山祖自然保护区的特有植物，在浙江第二高峰百山祖主峰西南侧1.7千米以上山谷沟旁的亮叶水青冈林中，这种冷杉自然生长的仅有几株。

百山祖冷杉产地位于东部亚热带高山地区，气候特点是温度低，湿度大，降水多，云雾重。年平均温度八九摄氏度，极端最低至零下15摄氏度，年降水量达2300毫米，相对湿度92%。

成土母质多为凝灰岩、流纹岩之风化物，土壤为黄棕壤，呈酸性。自然植被为落叶阔叶林，伴生植物主要有亮叶水青冈，林下木为百山祖玉山竹和华赤竹。

由于气候的变迁，冷杉分布区不断变迁。在植物分类系统中，冷杉是古老的裸子植物松科中的一个属，冷杉属家族全世界有50多种，已知我国原产的冷杉属植物有23种及数个变种。

百山祖冷杉是我国特有的古老残遗植物，是第四纪冰川期遗留下来的，有"植物活化石"和"植物大熊猫"之称，对于研究古气候、古地质变迁、古生物、古植被区系等具有重要的学术意义，被列为国家一级保护植物。

由于种种原因，百山祖冷杉自然有性繁殖十分困难，常规人工无性繁殖也困难，濒临物种灭绝境地。

国际物种保护委员会已将百山祖冷杉公布列为世界最濒危的12种植物之一，浙江省成立了百山祖自然保护区。

在百山祖的冷杉由于周围伴生着亮水青冈，挤压着百山祖冷杉实生苗生长的空间，难以生长，因而对实生苗进行了迁地保护。

为了抢救百山祖冷杉，有关专家采集了一批百山祖冷杉种子，进行了人工育苗，后来把这批实生苗进行了移植。经过精心管护，迁地保护获得了成功。

知识点滴

传说很久以前，在一个山村里住着个姑娘叫箭竹，长得水灵可爱、乖巧聪明。有个小伙叫冷杉，憨厚壮实、英俊能干。

两人常常双双上山采药、打猎，于是心生爱慕，形影不离。但好景不长，恶毒的山霸想逼箭竹为妾，便抓冷杉做奴仆。

冷杉与箭竹拼死抗争，逃往深山密林，过着自由自在的生活。但好景不长，冷杉和箭竹不幸被山霸发现了，追逐中双双跳崖身亡了。

后来，小伙变成了高大挺拔的冷杉树，姑娘变成了风姿绰约的箭竹林。从此，冷杉和箭竹如影相随，永伴终生。

参天金松——金钱松

相传地藏王菩萨带着众生灵到灵山听经，一时间龙狮虎象、飞禽走兽浩浩荡荡，好不热闹。但也有一些孽障趁此危害百姓，一路上闹得鸡犬不宁。尽管百姓们奋力反抗，但都无济于事。

话说大明皇帝朱元璋与军师刘伯温私访周游天下，他们来到东山边，见这里东有将军山，北有笋山，西有乌云山，南有桃花山，无量溪河绕山而流，山清水秀，人勤地沃，此地本应是一块风水宝地，可为什么终日乌云密布呢？

刘伯温拿出罗盘，对好子午线仔细观察，他发现无量溪河和粮长河里两条水怪相争斗气，正在兴风作浪危害人们。

于是，刘伯温拿出腰间悬挂的姊妹双锋宝剑，在空中一舞，只见两道寒光一闪，一把宝剑插在曹冲岭，一把宝剑插在丁冲东山边。顿时风雨大作，雷声四起，顷刻间雨过天晴，空气清新，又是一派生机。

又过了几百年，刘伯温曾经插在曹冲岭与丁冲东山的宝剑神秘地消失了，剑鞘却永远留了下来，后来化成了两棵参天大树。大树气势雄伟磅礴，主干挺健笔直，好像一把利剑直入云霄，当地人们称之为"剑松"。

到了秋天时，这剑松的叶子呈金黄色，好像钱一样，人们就叫它"金钱松"。

这两棵大树特别有灵性，曾有人想锯掉这两棵大树，刚下锯就听见雷声隆隆，下锯处流出血浆，锯树人只好作罢。

此后，还有人想锯掉这两棵古树，可冥冥之中总有一些说不清的原因保护着这两棵大树。后来，人们对这两棵树进行了保护，两棵树顽强地生长着，不断地造福当地的百姓。

金钱松属落叶乔木，枝平展，不规则轮生，高达40米，胸径可达1.5米。金钱松树干通直，树皮呈灰色或灰褐色，裂成鳞状块片；具长枝和距状短枝。叶在长枝上螺旋状散生，在短枝上二三十片簇生，伞状平展，呈线形或倒披针状线形，十分柔软，长3厘米至7厘米，宽0.15厘米至0.4厘米。

金钱松的叶呈淡绿色，上面中脉不隆起或微隆起，下面沿中脉两侧有两条灰色气孔带，秋季叶呈金黄色。此树雌雄同株，球花生于短枝顶端。雄球花20个至25个簇生；雌球花单生，苞鳞大于珠鳞，珠鳞

的腹面基部有2枚胚珠。

金钱松的球果当年成熟，呈卵圆形，直立，长6厘米至7.5厘米，直径四五厘米，成熟时呈淡红褐色，具短梗。金钱松的种鳞木质，卵状披针形，先端有凹缺，基部两侧耳状，长2.5厘米至3.5厘米，成熟时脱落。

金钱松的苞鳞短小，长约种鳞的四分之一至三分之一。种子呈卵圆形，有与种鳞近等长的种翅；种翅膜质，较厚，三角状披针形，呈淡黄色，表面有光泽。

金钱松宜温凉湿润气候，分布区年平均气温13摄氏度至17摄氏度，最冷月平均温2摄氏度至5摄氏度，最热月平均温27摄氏度至29摄氏度，年降水量1200毫米至1800毫米。适宜生长的土壤为酸性黄壤或黄棕壤，常见伴生植物有柳杉、榧树、枫香、紫楠等。

金钱松为深根性，无萌发能力。幼龄阶段的稍耐庇荫，生长比较缓慢。

10年以后，需光性增强，生长逐渐加快。金钱松在3月中下旬萌芽，4月初开始展叶，4月中旬进入展叶盛期。8月下旬至9月上旬叶开始变色，10月中下旬为落叶盛期，一般三五年丰产一次。

10月中旬种鳞转为淡黄色，种鳞松散，种子与鳞片一同散落，发芽率60%至80%。

金钱松的天然更新能力较强，在遮蔽度中等的林冠下，特别是土壤湿润肥沃的山地，天然下种的幼苗，只要适时抚育，就能形成新林。

金钱松分布于我国长江流域一带的山地，喜光爱肥，适宜酸性土壤。由于它树干挺拔，树冠宽大，树姿端庄、秀丽，被广为引种，种植于瀑口、池旁、溪畔或与其他树木混植。

金钱松分布于江苏省南部、安徽省南部、浙江省西部、江西省北部、福建省北部、四川省东部和湖南省、湖北省等地。多生长于低海拔山区或丘陵地带，适宜温凉湿润气候。

地质年代的白垩纪金钱松曾经在亚洲、欧洲、美洲都有分布，更新纪的冰河时期各地金钱松都相继灭绝，我国的长江中下游有少数残留，成为仅存于我国的单属单种特有植物。对研究松科的系统发育有一定科学意义。

　　金钱松木材纹理直，耐水湿，为建筑、桥梁、船舶、家具等的优良用材，是长江中下游地区海拔1.5千米以下山地丘陵的优良造林树种。

　　金钱松有较强的抗火性，在落叶期间如遇火灾，即使枝条烧枯，主干受伤，至第二年春天，主干仍能萌发新梢，并恢复生机。

　　金钱松的种子可榨油，根皮可入药，名为"土荆皮"。树根可作为纸胶的原料，树皮可药用，有抗菌消炎、止血等功效，可治疗疥癣瘙痒、抗生育和抑制肝癌细胞活性等。

　　为了保护金钱松，我国建立了自然保护区。有关部门把金钱松列为分布区中山、丘陵的重要造林树种。在许多城市和植物园进行了引种栽培，使金钱松到处都生根发芽并生生不息。

知识点滴

　　金钱松又称"罗汉松"，相传南宋年间，西天如来佛祖派3位罗汉下凡普度众生，他们是降龙罗汉、伏虎罗汉和莲花罗汉。

　　其中，降龙罗汉投胎浙江天台的李家，名叫李修缘，后来在杭州灵隐寺出家，他就是大名鼎鼎的济公和尚。伏虎罗汉化身为一个又黑又丑的哑巴和尚，名叫普妙。莲花罗汉却错投了女胎，取名叫刘素素，成了李修缘未出家前的未婚妻。

　　刘素素得到普妙和尚与济公的点化后，终于大彻大悟。后来，3位罗汉与万年猩猩精袁公祖进行决斗，莲花罗汉为了保护另两位罗汉而身受重伤，最终坐化圆寂。后来，莲花罗汉的肉身化为了罗汉松，永远留在了人间。

铁之树——苏铁属

相传在很久以前，岭南地区有一个姓苏的年轻铁匠，娶了华家的女儿婉莹为妻。婉莹貌似天仙，心灵手巧，爱花如命，整天种花、栽花、赏花，与花儿为伴，把花儿侍候得枝枝抖擞、朵朵精神。

苏铁匠生性憨厚，十分勤劳，非常喜爱自己的妻子。虽然一天到晚锻镐铸犁忙个不停，但他还是抽空用锄头在房前屋后开出了一个大花圃，割草沤肥，帮助妻子在花圃里种上了栀子、茉莉、芍药、牡

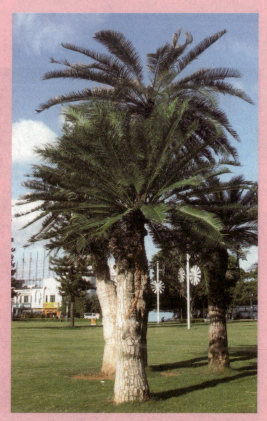

丹、杜鹃……

婉莹的花圃真是姹紫嫣红，花团锦簇，百花争艳，溢彩流光，招引得十里八乡的乡亲们纷纷前来赏花。人们称赞说，怪不得华婉莹姑娘这样美貌，原来是她把自己的精气神儿全都给了花儿，花儿也就把所有的灵气给了姑娘。

当地有一个泼皮，人称"邋遢仔"，他平素不务正业，专好偷鸡摸狗。

有一天，邋遢仔从苏铁匠门口路过，见婉莹年轻貌美便垂涎三尺。他见苏铁匠为人忠厚老实，便时常以赏花为名，到花圃中来与婉莹搭讪纠缠，趁机对婉莹动手动脚。婉莹把泼皮欺侮她的事告诉了苏铁匠。

有一天，邋遢仔又来花圃，看见婉莹独自一人，便一把攥住婉莹

手里的花锄，死皮赖脸地要帮她干活。

"你快走开！我忙着呐！"婉莹知道邋遢仔又来纠缠捣乱，就提高嗓门大声说道。

正在干活的苏铁匠听到妻子大声说话，赶了过来。邋遢仔看见膀大腰圆的铁匠紧攥着拳头，便灰溜溜地走了。

第二天一早，铁匠和婉莹看见自家花圃一片狼藉，花枝被折断了，花瓣、花叶散落满地，还有的花儿被连根拔起扔到了一边。婉莹心痛得泪流满面，铁匠气得把锄把儿攥得"吱吱"响。他们知道是邋遢仔捣的鬼，可是那家伙是个出了名的无赖，一般人得罪不起。

"阿苏，咱们得想个好办法，防止那个坏蛋再闯进花圃里来。"婉莹收拾着被摧残的花儿，哭着对铁匠说。

苏铁匠手艺精湛，他拿起铁锤在铁砧上"叮叮当当"敲起来，把一个个铁片敲成一支支羽毛状的树叶，再把这些铁叶片镶嵌在一根粗铁棒上，组装成一棵高大的铁树。

铁匠一天造10棵铁树，一连干了整整一个夏天，造出了千百棵铁树。夫妻俩把这些铁树密密地围在花圃四周，护卫着花圃中的鲜花。

　　有一天，邋遢仔又想闯进去糟蹋里面的鲜花。可是那些坚硬高大的铁树挡住了他，他搬也搬不动，砍也砍不断，弄得"哗哗"直响。苏铁匠听见了，从屋子里面冲出来，邋遢仔吓得一溜烟逃跑了。

　　从此，苏铁匠花圃中的鲜花开得更加绚丽，婉莹终日喜笑颜开，开开心心地过日子。

　　后来，婉莹和苏铁匠都成了神仙。苏铁匠栽下的铁树，天长日久感受日月精华，由深褐色渐渐变成了深绿色，终于有了真正的生命。因为这树是苏铁匠用铁片做的，所以人们叫它"苏铁"或"铁树"。

　　此外，民间还有一个传说。

　　说是在古时候，有个叫红薇的姑娘和黎山一位姓黎的公子，他们变成一对白天鹅，沿着太阳行走的方向寻找天堂。

　　突然，彩云下出现了一个小小的星球。上面河流交错，高山逶迤，平原宽阔，没有动植物的影像，十分地宁静。这就是他们理想中的天堂。他们降落在一个一面依山、三面环水的坝子上，开始了新的生活。

　　他们把生活的地方称为地球。这里一片荒凉，除了四季分明的气候，肥沃的土地，充足的雨水和空气之外，其他什么也没有。他们把从天界带来的桫椤、银杏等花草树木种子撒向高山、平原、丘陵，并且开始培育自己的后代。

　　日复一日，年复一年，整个地球披上了绿色的外衣，非常地美丽，他们的生活也非常幸福。

　　龙王三太子因爱慕红薇姑娘，便追至黎山，他得知红薇与黎大公子去了地球，便追到地球。

三太子见到红薇，乞求红薇跟他回龙宫。红薇不依，黎大公子一声口哨，四周的铁树围将过来。

三太子眼睁睁地看着红薇逃走了，气得七窍生烟，它口一张，喷出滚滚洪水席卷了整个平原，淹没了所有的铁树林。他又一猛吸，所有铁树随水进入了三太子肚中。三太子收了洪水，朝红薇遁去的方向直追。

红薇与黎大公子来到横断山脉末端，突然，三太子追了上来，伸手要去抓红薇，千钧一发之际，一道雷电从三太子与红薇之间闪过。雷电过后，出现了一条宽约330米、高约1千米的深沟，沟中涌着银色的光带，把三太子和红薇隔离开来。

三太子知是黎山老母所为，于是抖动身子，使出最后的力气，朝沟对面飞去。光带腾起熊熊烈火，烧得三太子皮开肉绽，他只好退回。黎山老母被三太子的真情所感动，不再为难三太子，劝其返回龙宫，三太子低头不语。

　　黎山老母劝红薇和黎大公子回黎山，两人坚持不从。老母扬起手中的拂尘在山上画了个圈，告诉红薇，只要不走出这个圈，可以保他们一切平安。

　　三太子坚持要在此山陪伴红薇，永不离开，请求老母遂他心愿。老母无奈，拂尘一扬将三太子陷于山中，只有头伸在山外。

　　红薇在黎山老母封住的山中，过着平静、幸福美满的生活。三太子时刻注视着红薇，观察着她的一举一动。可红薇一反天界9000年开花、9000年结果的常规，至每年4月就绽开她那皮球似的雌性花蕾，引得黎大公子碗口般粗的雄性花蕾昂首对天。

　　后来，三太子变成了龙山，红薇和子孙自由自在地生活在山中。在一个月光如水的夜晚，她化为了人，把自己的传奇经历告诉了一位美丽的姑娘。于是，苏铁美妙的故事便在川滇交界的金沙江畔传开了。

　　苏铁属是裸子植物门苏铁科下的一个属，是常绿直立圆柱形树干，密被宿存的木质叶基植物。

　　苏铁是常绿棕榈状木本植物，高可达20米。茎干呈圆柱状，不分枝。它仅在生长点破坏后，才能在伤口下萌发出丛生的枝芽，呈多头状。

　　苏铁叶为鳞叶与营养叶两种，两者成环地交互着生。鳞叶短而小，呈褐色，密被粗糙的毡毛。营养叶较大，羽状深裂，革质，集生于树干上部，呈棕榈状。

苏铁的茎部密被宿存的叶基和叶痕，并呈鳞片状。叶螺旋状排列，叶从茎顶部生出。小叶呈线形，初生时内卷，后向上斜展，微呈"V"字形，边缘显著向下反卷，厚革质，坚硬而有光泽，先端锐尖。

叶的背面密生锈色绒毛，基部小叶呈刺状。羽状裂片窄长，条形或条状披针形，中脉显著，基部下延，叶轴基部的小叶变成刺状，脱落时通常叶柄基部宿存。

苏铁是雌雄异株，花形各异。其中雄球花长椭圆形或圆柱形，挺立在青绿的羽叶之中，黄褐色的"花球"，内含昂然生机，外溢虎虎生气，傲岸而庄严。

雌球花呈扁圆形，浅黄色，上部羽状分裂，其下方两侧生着2至4个裸露的胚珠，紧贴于茎顶，好像淡泊宁静的处女，安详而柔顺地接受着热带、亚热带阳光的照射。

小孢子叶扁平，楔形，下面着生多数单室的花药，花药无柄，通常三五个聚生，药室纵裂；大孢子叶中下部狭窄呈柄状，两侧着生2枚至10枚胚珠。

苏铁种子的外种皮肉质，中种皮木质，常具有两棱，内种皮膜质、在种子成熟时则破裂；子叶2枚，于基部联合，发芽时不出土。

苏铁种子大小如鸽卵，略呈扁圆形，金黄色，有光泽，熟时呈红色。种子成熟期为10月份。种子少则几十粒，多则上百粒，圆环形簇生于树顶，十分美观，有人称之为"孔雀抱蛋"。

苏铁属为喜光植物，稍耐半阴。喜温暖，好生于温暖、干燥及通风良好之处。不甚耐寒，生长缓慢。土壤以肥沃、微酸性的沙质土壤为宜。喜肥沃湿润和微酸性的土壤，但也能耐干旱。生长缓慢，10余年以上的植株可开花。

我国的苏铁属有8种，主要分布在台湾、福建、广东、广西、云南及四川等省区。

在四川省攀枝花，有种被称为攀枝花苏铁的植物，分布于四川省南部渡口、宁南、德昌、盐源与云南省北部华坪等地。生于海拔1100米至2000米地带的稀树灌丛中。

攀枝花苏铁分布地区地处金沙江中段，地势陡峭，河谷深切，山体相对高度大，地形封闭，受干热河谷气候效应的影响，其气候冬季温和，日照充足，热量丰富，属南亚热带半干旱河谷气候类型。

苏铁属是地球上最古老的种子植物，源于古生代，迄今为止已有2.8亿年的历史。至侏罗纪的时候，苏铁植物已遍及全球，成为恐龙的主要食物，被地质学家誉为"植物活化石"。

苏铁是一种优美的观赏树种，株形美丽、叶片柔韧、较为耐荫，栽培极为普遍，既可室外摆放，又可室内观赏。

苏铁的茎内含淀粉，可供食用，其种子含油和丰富的淀粉，有微毒，供食用和药用，有治痢疾、止咳和止血之效。

苏铁又名凤尾蕉、避火蕉、金代、铁树等。在民间，"铁树"这个名称用得较多，一说是因其木质密度大，入水即沉，沉重如铁而得名；另一说因其生长需要大量铁元素，即使是衰败垂死的苏铁，只要用铁钉钉入其主干内，就可起死回生，重复生机，故而才有铁树这个名字。

苏铁对研究植物区系、植物地理、古气候、古地理及冰川都有重要的意义。有关部门对苏铁采取了一些保护措施，建立了苏铁专项自然保护区，严禁挖掘植株。还进行了繁殖研究，不断满足绿化需要。

知识点滴

宋朝大词人苏东坡由于得罪了朝中奸臣，被贬谪到海南岛。奸臣听到后高兴地说："要想从海南岛回来，除非铁树开花。"

苏东坡到了海南，当地人都非常敬重他。

有一天，一位老者送了一棵盆栽给他。老者告诉他，传说金凤凰不屈淫威而被活活烧死，变成了此树。

苏东坡这才明白老人的用意，他说："我东坡行得正，立得直，就像铁树一样，何惧奸臣诬陷？"

从此，苏东坡常替铁树施肥浇水。有一天，铁树竟然奇迹般地开花了。不久，他便收到了让他回京的旨令。

苏东坡离开海南时，把铁树带回了中原。自此以后，铁树才在北方繁衍起来。因为这棵铁树是苏东坡带回来的，所以人们就称它为"苏铁"。

被子植物

　　被子植物又名绿色开花植物，它拥有真正的花，这些美丽的花正是它们繁殖后代的重要器官，也是区别于裸子植物及其他植物的显著特征。被子植物是植物界最高级的一类，也是地球上最完善、适应能力最强、出现得最晚的植物。

　　我国被子植物类型丰富，有2700多属，约30000种，属、种数目分别占世界被子植物的30％、10％。但是由于各种原因，我国约有4000多种植物处于濒危的边缘，有的已经灭绝，因此我们需要加强对它们的保护。

高档之材—楠木

相传在某年某月农历十五的那一天，有一棵楠木树变成了一个英俊的青年，他长着四方脸，双眼炯炯有神。青年化名为"汉楠"，赶到贵州寨蒿去参加那里的青年男女相亲盛会。

寨蒿有一个姑娘叫"项银"，人长得漂亮，心也很高，所有的青年她都看不上眼，唯独一眼看上了英俊的汉楠，并问汉楠的家在哪里。

汉楠说："我家在大利的冲脚下。"

于是，在盛会上，项银把最

好的花带、鞋垫、绣花帕子送给汉楠。

可是，盛会很快结束了，项银依依不舍，一直把汉楠送到村口，问汉楠什么时候会再来。

汉楠回答说："下一次月圆的时候。"

可是，项银等到十五，又等到二十，就是不见汉楠来。于是，她就独自跑到大利去，在村口就远远地看见冲脚下果然有一户人家。但当她跑到冲脚下的时候，却又什么也没有了。她一直找到天黑，才回到村里。

第二天，一个早早到冲脚干活的村民，看见一个楠木树上挂着花带、鞋垫还有绣花帕子，觉得很奇怪，就回到村里告诉大家。

项银听说了以后，才发现自己原来看上了一棵楠木树，她很伤心，就哭着跑开了。

这时，楠木又变成了汉楠，他跑过去想要拦住项银。但每次一追上项银，他又消失不见，变成一棵楠木树了。伤心的项银唱了很多悲歌，质问楠木树为什么不肯见她，但是楠木树是不会回答她的。

最后，项银说："既然你要变成楠木树，那我就变成一座山陪着你吧！"于是，项银真的变成了一座美女山，和楠木树遥遥相对。

其实，故事中的楠木为大乔木，高达30余米，树干通直。芽鳞被

有灰黄色贴伏长毛。楠木的小枝通常较细，有棱或近于圆柱形，被灰黄色或灰褐色长柔毛或短柔毛。

楠木的叶革质，椭圆形，少为披针形或倒披针形，长7厘米至13厘米，宽2.5厘米至4厘米。楠木的叶先端渐尖，尖头直或呈镰状，基部楔形，最末端钝或尖。

楠木的花中等大，长三四毫米，花梗与花等长。楠木的果呈椭圆形，长1.1厘米至1.4厘米，直径6毫米至7毫米。果梗微增粗，宿存花被片卵形，革质、紧贴，两面被短柔毛或外面被微柔毛。花期四五月，果期九十月。楠木种子属多胚型，每粒种子能抽出两三苗。

楠木是中性深根性树种，有较强的萌生力，能耐间歇性的短期水浸。幼时耐荫性较强，喜温暖湿润气候，在土层深厚、肥沃、湿润、排水良好的中性或微酸性冲积土或壤质土上生长最好，在干燥瘠薄或排水不良之处，则生长不良。

楠木的寿命长，300年生尚未见明显衰退。其主根明显，侧根发达，根部新芽能长成大径材。幼年期耐荫蔽，一年抽3次新梢。其生长速度中等，五六十年达生长旺盛期。

楠木适宜生长在气候温暖、湿润，土壤肥沃的地方，特别是在山谷、山洼、阴坡下部及河边台地，土层深厚疏松，排水良好，中性或微酸性的壤质土上，生长尤佳。

幼年期的楠木，顶芽发达，顶端优势明显，主干端直苗壮，侧枝较细短，冠层厚而密，整个树冠呈尖塔形。

至壮年期，随着高生长的减慢，侧枝的扩展，树冠变为钟形，但冠层仍较厚。幼树的顶芽一年形成3次，一般春梢生长慢，夏梢和秋梢生长快。

特别是在6月上中旬夏梢期，顶梢10天可增高三四十厘米，为全年生长的最高峰。八九月也有一次生长高峰，但不如前者快。胸径生长主要是在5月至11月，其生长量占全年总生长量的70%至90%。

楠木木质坚硬耐腐，用途广泛，传说水不能浸，蚁不能穴，南方人多用作棺木或牌匾。宫殿及重要建筑之栋梁必用楠木。楠木木材优良，具芳香气，硬度适中，弹性好，易于加工，很少开裂和反挠，为

建筑、家具等的珍贵用材。

楠木木材和枝叶含芳香油，蒸馏可得楠木油，是高级香料。该种为高大乔木，树干通直，叶终年不谢，为很好的绿化树种。

楠木不腐不蛀有幽香，皇家藏书楼，金漆宝座，室内装修等多为楠木制作。如文渊阁、乐寿堂、太和殿、长陵等重要建筑都有楠木装修及家具，并常与紫檀配合使用。现存最大的楠木殿是明十三陵中长陵棱恩殿，殿内共有巨柱60根，均由整根金丝楠木制成。

楠木极其珍贵，是我国的特产树种。已被列入我国国家重点保护野生植物名录之中。

知识点滴

据《郫县志》收录的宋代邛崃人张行成《司马温公祠堂记》记载：

"故谏议大夫司马君池以某年作县尉郫邑，越明年某月生公于官廨，字之曰岷，以山称也。"

这段文字的意思是说，当年司马池在郫县做县尉时，住在官署，他的夫人在这里生下了第二个儿子司马光。为了纪念在官署得子，司马池特在庭下亲手栽植松树、楠树各一株。后来，司马池、司马光父子先后辞世，松树枯萎，唯有楠木树仍苍翠欲滴。

当地的百姓认为，楠木树之所以如此茂盛是托司马光之荣。因此，县丞李名逸在司马光诞生之地建立了一座"司马温公祠堂"，用来纪念司马光。

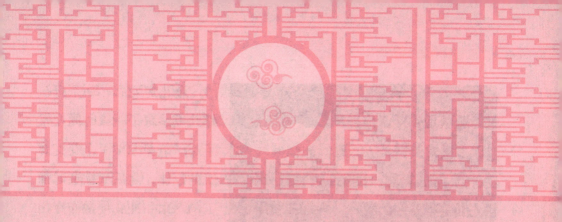

茶族皇后——金花茶

　　传说，王母娘娘曾经派茶仙陆羽到十万大山的白石牙山培育仙茶，但一次次种下的茶籽都不翼而飞。

　　经多次探察才发现，这都是一条成了精的、周身黄黄绿绿的金花蛇造孽的缘故，它把陆羽种下的茶籽都抠出来吃掉了。

　　陆羽非常气愤，立即挥起王母娘娘给他的驱云鞭向金花蛇抽去，猝不及防的金花蛇刚好被神鞭抽中身上7寸，痛得腾空打滚，只好挣扎着向海边逃去，但最终还是跌落到十万大山南麓的密林里，一命呜呼了。

金花蛇死后，那茶籽在蛇肚里孕育了一段时间便发了芽。茶芽撑破了金花蛇腐烂的尸体，之后又被适时而下的暴雨一冲，便散布在山坡上，并落地生根，长成一棵棵异样的茶树。

茶树经历了几度春风夏雨，又繁衍成了一片片茶树林。也许是因为受金花蛇颜色所影响，这些茶树所开的茶花也非常奇特，不仅硕大无比，而且颜色金黄耀目，当时的人们根据它的花色，便叫它为金花茶。

这金花茶不单色香味与众不同，据说，它还具长生不老的特异功效。

当年，大山里有个叫廖三宝的看牛娃，他为了能跟随山中的仙人学仙修道，便把所看管的大牯牛拴在了茶林里，之后廖三宝就一去不回头了。

被拴着的牯牛饿得十分难受。正好牯牛身边有一个石槽，无论天多干旱，这个石槽长年都有泉水汩汩流出，一直都有飘落的茶叶、茶花浸泡在石槽里，散发出香气。那牯牛吃不到青草，只好喝石槽里的"茶水"充饥。

由于牯牛只喝水，自然也就只撒尿，喝得越勤，撒得越多，久而久之，黄澄澄的牛尿渗流遍山坡茶林间，便成了茶林的特效肥。石槽的茶水滋养了牤牛，而牤牛的尿又肥沃了茶树。

这使茶树生得更粗更壮，茶叶更大更绿，茶花更是金瓣玉蕊，晶莹光洁，蜡质透亮，点缀于玉叶琼枝间，风姿绰约，美轮美奂，人见人爱。

那头水牛即使不吃青草，只喝茶水也不会饿，而且反能长膘，后来成了长生不老的神牛。

金花茶属于山茶科山茶属灌木，与茶、山茶、南山茶、油茶、茶梅等为孪生姐妹。高两三米，嫩枝无毛。金花茶枝条疏松，树皮呈淡灰黄色。

金花茶的叶如皮革般厚实，呈长圆形、披针形或倒披针形，长11

厘米至16厘米，宽2.5厘米至4.5厘米。叶先端尾状渐尖，叶边缘微微向背面翻卷，有细细的质硬的锯齿，齿刻相隔一两毫米。

基部呈楔形，上面呈深绿色，发亮，无毛，下面呈浅绿色，无毛，有黑腺点。叶中脉及侧脉7对，在上面陷下，在下面突起，叶柄长0.7厘米至1.1厘米，无毛。

金花茶的花呈黄色，单生于叶腋，花柄长0.7厘米至1厘米。苞片5片，散生，阔卵形，长两三毫米，宽三五毫米。

金花茶的花有萼片5片，呈卵圆形至圆形，长4毫米至8毫米，宽7毫米至8毫米，基部略连生，先端圆，背面略有微毛。

金花茶的花有8片至12片花瓣，近圆形，长1.5厘米至3厘米，宽1.2厘米至2厘米，基部略相连生，边缘有睫毛。雄蕊排成4轮，外轮与花瓣略相连生，花丝近离生或稍连合，无毛，长1.2厘米。

子房无毛，三四室，花柱三四条，无毛，长1.8厘米。

金花茶的花耀眼夺目，仿佛涂着一层蜡，晶莹而油润，似有半透明之感。花开时，有杯状的、壶状的、碗状的和盘状等，形态多样，秀丽雅致，故被人们誉为"茶族皇后"。

金花茶四五月开始萌叶芽，两三年以后脱落。11月开始开花，花期很长，可延续至第二年3月。

金花茶的蒴果呈扁三角球形，长3.5厘米，宽4.5厘米，3片裂开，果片厚0.4厘米至0.7厘米，中轴三或四角形，先端三四裂。果柄长1厘米，有宿存苞片及萼片；种子6粒至8粒，长约2厘米。

金花茶是一种古老的植物，极为罕见，自然分布范围极其狭窄，仅分布于广西壮族自治区防城港的兰山支脉一带，生长于海拔700米以下，以海拔200米至500米之间较常见。

金花茶与银杉、桫椤、珙桐等珍贵的"植物活化石"齐名，是国家一级保护植物之一，属濒危野生植物种，被称为"神奇的东方魔茶"。在广西壮族自治区宁明的陶大山仍可见到个别小瓣金花茶，数量极少，是世界上稀有的珍贵植物。

在广西壮族自治区南宁一带也发现了一种金黄色花茶，它的发现轰动了全球的园艺界、新闻界，受了国内外园艺学家的高度重视。它是培育金黄色山茶花品种最优良的原始材料。

金花茶喜欢温暖湿润气候，多生长在土壤疏松、排水良好的阴坡溪沟处，常常和买麻藤、藤金合欢、刺果藤、楠木、鹅掌楸等植物共同生活在一起。

金花茶对土壤要求不高，微酸性至中性土壤中均可生长，也喜欢排水良好的酸性土壤。苗期喜荫蔽，进入花期后，喜透射阳光。耐瘠薄，也喜肥，耐涝力强。

为了使金花茶繁衍生息，有关部门正在通力合作进行杂交选育试验，以培育出更加优良的品种。在昆明、杭州、上海等地已引种栽培。

金花茶还有较高的经济价值。其木材质地坚硬，结构致密，可雕刻精美的工艺品及其他器具。

其花除作为观赏外，还可入药，可治便血和妇女月经过多，也可作为食用染料。金花茶的叶除泡茶作为饮料外，也有药用价值，可治痢疾和用于外洗烂疮。

知识点滴

千百年来，山茶花有红、粉及白色，唯独少了金黄色山茶花的身影。自古就有的"茶花金色天下贵"之说，黄色山茶花到底存不存在？这个疑问扑朔迷离了千年之久，也迷惑了广大的花卉爱好者。

明代药圣李时珍穷搜博采，毕其一生未能找到黄色山茶。其在年迈之时，满怀遗憾地在《本草纲目》中写道：山茶产南方……又有一捻红千叶红、千叶白等名，或云亦有黄色者。

明代《花史》中对山茶花品种进行了描写和分类：山茶花花色丰富多彩，有红、粉、桃红、黄、白、黑红和变化极多的复色，唯独黄色罕见……

从来没有这样一种植物让人们为之疯狂数百年。

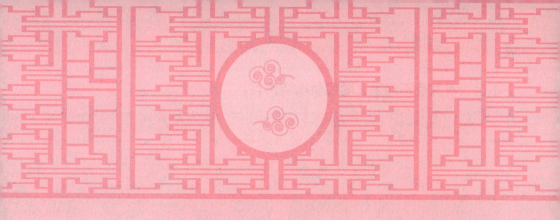

金玉之花——玉叶金花

　　玉叶金花因其明亮的花色、独特的叶片，备受人们的喜爱。其珍稀变种"五玉连环"更是价值连城。

　　诗人杨万里在广西采风时，偶然间看到一盆"五玉连环"，惊奇

不已，对其爱不释手，随后就赋诗两首：

金玉之花

绿叶本应翡翠种，却似和田舞风中。

花开已成富贵局，怎奈还比黄金蕊。

风中玉

金桂树下觅幽香，一藤牵出花万朵。

暖风掀起白帆动，疑是琼珉风中飘。

玉叶金花为攀援灌木，其小枝呈灰褐色，被有贴伏疏柔毛，皮孔明显。

玉叶金花的叶对生，薄纸质，呈椭圆形至椭圆状卵形，长13厘米至17厘米，宽7.5厘米至11.5厘米，先端渐尖，基部楔形，两面散生短柔毛，侧脉8对至10对，十分美观。

叶柄长2厘米至2.5厘米，稍有短柔毛，托叶早落。玉叶金花的顶生聚伞花序，长约6厘米，被近贴伏的短柔毛。

苞片早落，小苞片披针形，长约1厘米，凋落。花梗长两三毫米，萼筒长约5毫米，裂片5，扩大呈花瓣状，白色，长2厘米至4厘米，宽1.5厘米至2.5厘米，边缘和脉络具毛。

花冠管长约1.2厘米，直径约0.4厘米，上部扩大，外面密被伏贴短柔毛，内面上部被硫黄色短柔毛或粉末状小点。

异形玉叶金花分布区属于中亚热带南缘的湿润季风气候区，年平均温度15.6摄氏度至18.3摄氏度，年降水量1194毫米至1354毫米，垂直分布海拔600米至1200米。

玉叶金花适宜的土壤为黄壤，在茂兰则为黑色石灰土。该种一般分布在山体下部土层深厚、湿润、排水良好地段，坡度20度至60度。攀援在中下层乔木树干之上，茂密的森林或灌丛中都比较少见。

玉叶金花喜光，多生长在光照充足的次生林缘，路边及农地周围；在密林下或较大的灌木丛中少见分布，偶有植株表现很纤弱；小枝常攀缘在其他小乔木上借以获得阳光的普照。

玉叶金花也喜水，不耐干瘠。萌生性强，受到砍伐后萌发的植株枝干枝繁叶茂。花期七八月，果实10月成熟。种子自然更新能力较差，在分布区内很少见实生幼苗幼树，并且果实多受虫害侵害。

玉叶金花是濒危物种，在我国仅见于广西壮族自治区大瑶山及贵州省东南部的黎平岩洞等局部极其狭窄地区。在江西省石城赣江源国家自然保护区有发现该树种，数量极少。在广东省陆丰也有少量分布。

玉叶金花几乎都分布在阳光和土壤条件较优越的山体下部农地，

路边或村寨周围，该种生态幅较狭窄，对环境条件要求较为苛刻，致使分布区不连续，面积也很小，十分稀少。

我国已将大瑶山划为自然保护区，进行了广泛调查，力求弄清该物种是否已经灭绝，一旦发现，注意保护，并引种栽培。在陆丰的玉叶金花等以珍稀植物种类形成单种群的地段，划定了生态保护点，并禁止采伐。

有关部门也出台了多个相应的措施扶持药农栽培。玉叶金花以其具有其他农作物所无法比拟的高附加值，及在防止水土流失、增加绿化面积等方面的社会价值，已经成为当地的一大支柱产业，也为更多的患者带去了健康。

知识点滴

玉叶金花的藤与根可以入药，对预防流感和肠胃疾病效果显著。对于茶农来说，玉叶金花就好比黄金、美玉。每至夏季，茶农还有采摘玉叶金花熬制防暑、解毒凉茶的习惯。

相传在明代，著名的抗倭将领戚继光刚刚调任福建时，在当地招募、训练军队，奈何当地部队的士兵体质不太理想，训练效果十分差强人意，部队难堪大用。

当朝宰相张居正与戚继光私交甚好，于是嘱咐太医院代为设法。在机缘巧合下，太医院选用了当时还名不见经传的李时珍所拟的一个含有金花茶的茶方。

此茶方一洗积弱，成就了骁勇善战、名载史册的"戚家军"，也成就了福建沿海数十年的和平、安定局面。此后，"戚家军"所饮用的"玉叶金花茶"也从军中流传了下来。

传奇神药——人参

相传在很久以前，山东有座云梦山，山上有座云梦寺，寺里有两个和尚，一师一徒，师父无心在山里烧香念佛，经常下山与朋友吃喝玩乐。

平时，师父对小徒弟百般刁难，小徒弟被师父折磨得面黄肌瘦。

有一天，师父又下山会友去了，小徒弟正在寺里干活，不知从哪里跑来的一个红肚兜小孩帮小和尚做事，从此，只要师父一出门，红肚兜小孩就来帮小和尚，师父一回来，红肚兜小孩就

不见了。

　　日子久了，师父见小徒弟不仅脸色红润了，而且无论多繁重的活也能干完，就感到奇怪。心想，这里一定有什么奥妙。他把小徒弟叫来盘问，出于无奈，小和尚只好说出了实情。

　　师父心里思忖，这深山僻林的，哪来的红肚兜小孩？莫非是神草棒槌？

　　他从箱子里取出一根红线，穿上针递给小徒弟并交代他，等红肚兜小孩来玩时就悄悄地把针别在他的红肚兜上。说完师父又下山了，徒弟本想把实情告诉红肚兜小孩，可是又怕师父责骂，只得趁小孩回家的时候把针别在小孩的红肚兜上。

　　第二天清晨，师父把小徒弟锁在家里，拿着镐头，顺着红线找到老红松旁边，看到那根针插在一棵棒槌苗子上，他高兴极了，举镐就刨，挖出了一个"参童"。

　　之后，师父拿到寺里把参童放进锅里，加上盖子，压上石头，然后叫小徒弟生火烧煮。偏巧这个时候，师父的朋友又来找师父下山玩，师父推辞不掉，临走时千叮万嘱："我不回来，不准揭锅。"

　　师父走后，锅里不断地喷出异常的香气，小徒弟出于好奇，不顾师父的叮嘱，揭开了锅。原来锅里煮着一根大棒槌，香气扑鼻。小和尚掐了一块觉得很好吃，于是就干脆吃光了，连汤也喝个精光。

就在这时，师父急急忙忙地赶回来了，小徒弟急忙就往外跑，在院里刚跑了两步，顿时悠然地腾空而去。师父一看，便知道参童被小徒弟吃了，真是后悔莫及。

原来，红肚兜小孩是那个人参变的，在老红松树下长着一对人参。

自从参童被老和尚挖走后，剩下的那个人参就整日对着老红松哭哭啼啼，老红松说："孩子，别哭了，我带你到关东去吧，那里人烟稀少，我可以永远保护你。

人参不哭了，跟着老红松到关东深山老林去了，就在长白山安家落户，从此以后，关内人参日渐消减，而长白山的人参却越来越多了。

关于人参，还有这样一个传说：

炎帝、黄帝都是杰出的领袖，然而一山不容二虎，炎黄二帝统治的部落之间为了扩大自己的势力冲突不断。终于，炎、黄二帝决定在阪泉进行一次最后的交战。双方军队士气高涨、斗志昂扬、整装待发，一场前所未有的大决战即将拉开序幕。

然而当时黄帝深知自己部落的实力不是炎帝的对手，他得知我国东北方有神药，此物可以起死回生，使人服后热血沸腾，可以增加军队的战斗

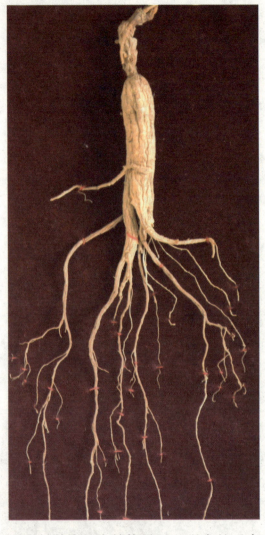

力。黄帝便暗中派人日夜兼程前往东北，方求得此药。

黄帝见到此药后不禁大喜，它长得酷似人形，根须特别茂盛，于是黄帝便将其取名为"人参"。

后来，双方军队发生了战争，士兵如蚁相拥，打成一片，矢石如雨。在最后一个回合，黄帝终于不敌炎帝，被其围困在山顶，黄帝情急之中取出人参让各将士服下，意想不到的事发生了。

人参果然是神药，将士们在服下后没多久，仿佛获得了新生，个个精神抖擞，斗志昂扬。黄帝遂率军队突出重围，进行反击。胜利在望的炎帝被这突如其来的变故惊呆了，强大的反击让炎帝难以招架。

最终，经过3个回合的激战，黄帝借助人参的神奇力量打败了炎帝。

由此，中华民族实现了第一次大统一，开启了中华文明的历史。而人参也被人们广泛应用，一直流传至今。

人参是五加科多年生草本植物，它的茎高约50厘米，有轮生掌状复叶。茎单生，直立，先端渐尖，边缘有细尖锯齿，上面沿中脉疏被刚毛。根状茎短，上有茎痕和芽苞。主根肉质，呈圆柱形或纺锤形，须根细长。

人参的伞顶花序单个顶生，花呈菩钟形，有5个花瓣，淡黄绿色。花丝短，花药呈球形。子房下位，有两室，花柱1个，柱头两裂。浆果状核果呈扁球形或肾形，成熟时鲜红色；有黄白色种子两个，呈扁圆形。

人参多生长在北纬40度至45度之间，耐寒性强，可耐零下40摄氏度低温，生长适宜温度为15摄氏度至25摄氏度，年积温2000摄氏度至3000摄氏度，无霜期125天至150天，积雪20厘米至44厘米，年降水量500毫米至1000毫米。

人参对土壤要求十分严格，适宜生长的土壤为排水良好、疏松、肥沃、空气湿润凉爽、腐殖质层深厚的棕色森林土或山地灰化棕色森林土。

野生人参对生长环境要求比较高，多生长在长白山海拔500米至1000米的针阔混交林或落叶阔叶林里，通常3年开花，五六年结果，花期五六个月，果期6至9个月。每年七八月正是人参开花的季节，开紫白色的小花，十分引人喜爱。

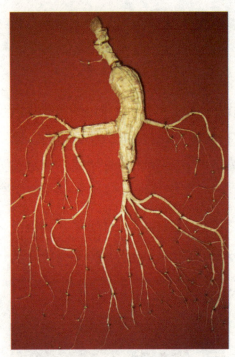

野山参在深山里生长很慢，60年至100年的山参，其根也只有几十克重。吉林省抚松县农民曾经在长白山采到一棵"参王"重305克，估计已在地下生长了500年。这棵"参王"是我国目前采到的最大的山参，已作为"国宝"被国家收购保存。

人参由于根部肥大，形若纺锤，常有分叉，全貌颇似人的头、手、足和躯干，故而得名。人参又称为"黄精""地精""神草"。自古以来拥有"百草之王"的美誉，是闻名遐迩的"东北三宝"之一，是驰名中外、老幼皆知的名贵药材。

几千年来，在中草药中，人参都被列为上品。人参之所以很稀奇、很名贵，主要与它的药用价值有关。在我国的医书《神农本草经》中，人参有"补五脏、安精神、定魂魄、止惊悸、除邪气、明目、开心益智"的功效，"久服轻身延年"。

李时珍在《本草纲目》中也对人参极为推崇，认为它能"治男妇一切虚证"。

人参含多种皂苷和多糖成分，人参浸出液可被皮肤缓慢吸收，对皮肤没有任何不良刺激。能扩张皮肤毛细血管，促进皮肤血液循环，增加皮肤营养，调节皮肤水油平衡，防止皮肤脱水、硬化、起皱，长期坚持使用含人参的产品，能增强皮肤弹性，使细胞获得新生。

人参为濒危物种，是第三纪孑遗植物，长期以来，由于过度采挖，资源枯竭，人参赖以生存的森林生态环境遭到严重破坏。以山西五加科"上党参"为代表的中原产区等地的人参早已绝灭，有的处于濒临绝灭的边缘，因此，保护本种的自然资源有其重要的意义。

人参已被列为国家珍稀濒危保护植物，对长白山等自然保护区已进行了保护。其他分布区也加强了保护，严禁采挖，使人参资源逐渐恢复和增加。东北三省已广泛栽培，近来河北、山西、陕西、湖南、湖北、广西、四川、云南等省区均有引种。

知识点滴

关于人参的命名，还有这样一个传说。

传说，有两兄弟深秋时进山打猎，打了不少野物。后来，天开始下雪，很快就大雪封山了。兄弟俩只好躲进一个山洞里，他们除了烧吃野物，还到洞旁挖些野生植物充饥。

有一天，他们发现一种外表很像人形的东西味道很甜，便挖了许多当水果吃。不久，他们发觉，这水果虽然吃了浑身有劲，但多吃会出鼻血。为此，他们每天只吃一点点，不敢多吃。

冬去春来，冰雪消融，兄弟俩高兴地回家了。村里人见他们活得好好的，又白又胖，感到很奇怪，就问他们在山里吃了些什么。他们讲了自己的经历后，把带回来的植物根块给大家看。村民们一看，这东西很像人，却不知道它叫什么名字，有个长者笑着说："它长得像人，你们多亏它相助才得以生还，就叫它'人生'吧！"后来，人们就把"人生"改叫"人参"了。

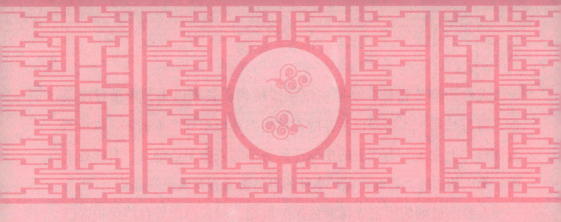

一根草——独叶草

从前，有一个美丽的藏族姑娘，她为了等自己远行的爱人，天天来到神女峰上等待。后来，姑娘的爱人死了，她在得知这个消息之后就化成了一颗孤独的小草，后来，人们叫这种草为"独叶草"。

独叶草是毛茛科多年生草本，无毛。根状茎细长，分枝，生多数不定根；种子呈白色，扁椭圆形，长3毫米至3.5毫米。

独叶草的地上部分高约10厘米，小草的地下是细长分枝的根状茎，茎上长着许多鳞片和不定根，叶和花的长柄就着生在根状茎的节上。

独叶草花的直径约为9毫米，两性，辐射对称，无特殊气味。其花部结构由外而内依次为花被片、不育雄蕊、可育雄蕊和雌蕊群。

其花被片呈淡绿色，长约3毫米，宽约2毫米；不育雄蕊的头部膨大，其腹面具凹槽，凹槽的表皮细胞可分泌蜜液；可育雄蕊的花药开裂前为鲜艳的紫红色，开裂后露出白色花粉。

独叶草的花期一般为3月底至4月中旬，历时15天至20天。

根据蜜汁在整个花期中的分泌情况，可分为4个时期：分泌前期，为花开放后一两天，花药均未开裂，不育雄蕊表面干燥。

旺盛期，为花开放后的第三天至第八天，花药陆续开裂，蜜汁分泌旺盛，不育雄蕊腹面可见透明液滴。

湿润期，为花开放后的第九至第十五天，多数花药开裂后，蜜汁分泌量明显减少，不育雄蕊仅表面湿润。

干涸期，为花开放后的半个月后，花期即将结束时，那时，散粉完毕，蜜汁便停止分泌，不育雄蕊表面干燥。

　　独叶草生长在海拔2750米至2975米的高山原始森林中，生长环境寒冷、潮湿，十分隐蔽，土壤偏酸性。分布区海拔较高，气候寒冷，多数产地每年有一半以上的时间处于零摄氏度以下，夏季最高气温只达20摄氏度左右。

　　土壤为腐殖质土，通气性较好，偏酸性，厚度为10厘米以下。独叶草生于林下，光照微弱，空气和土壤的湿度大。一般多在糙皮桦树下。

　　独叶草是我国特有的小草，零星分布在陕西太白、眉县、洋县，甘肃迭部、舟曲、文县，四川马尔康、茂汶、金川、南坪、泸定、松潘、峨眉山及云南德钦等地。生于海拔2.2千米至3.9千米地带的亚高山至高山针叶林和针阔混交林下。

　　由于独叶草生长于亚高山至高山原始林下和荫蔽、潮湿、腐殖质层深厚的环境中，种子大多不能成熟，主要依靠根状茎繁殖，天然更新能力差。加之人为破坏森林植被和采挖，使其植株数量逐渐减少，自然分布日益缩小。

独叶草属环境依赖型植物，其适应的环境范围狭小，仅生存于中高山地区的针叶林或阔叶林中，要求凉湿气候和腐殖质深厚的土壤，迁地保护比较困难。

在目前条件下，人们尽可能地减少了人为干扰，保护独叶草生存的环境，也特别注重对牛皮桦、巴山冷杉和太白红杉群落的保护，为独叶草种群的生存与扩展创造条件。

影响独叶草种群生长发育的环境因素主要是光照、气温、空气湿度、土壤pH值、土壤水分、群落盖度、腐殖质厚度等自然因素。

独叶草种群生长发育较适宜的生长环境是海拔2.7千米至2.9千米巴山冷杉林内，人为干扰较少。而海拔2.5千米至2.7千米间的牛皮桦林下的土壤腐殖质层薄，人为干扰较多，独叶草个体寿命短，构件发育不够充分，已经表现出退化的现象。

海拔2.9千米至3.1千米太白红杉林的人为干扰虽然较少,但高海拔地区的严酷气候条件可能成为限制因素,独叶草构件生长发育介于前两个种群之间。

在繁花似锦、枝繁叶茂的植物世界中,独叶草是最孤独的。论花,它只有一朵;数叶,它仅有一片,因此它还真是名副其实的"独花独叶一根草"。

它的叶脉是典型开放的二分叉脉序,这在毛茛科2000多种植物中是独一无二的,是一种原始的脉序。独叶草的花由被片、退化雄蕊、雌蕊和心皮构成,但花被片也是开放二叉分的,雌蕊的心皮在发育早期是开放的。这些构造都表明独叶草有着许多原始特征,有别于毛茛科的其他属,这种原始被子植物对研究被子植物的进化和毛茛科的系统发育有重要的科学意义。

独叶草反映了距今6700万年前的喜马拉雅造山运动以前的古老植物区系分布情况。它不仅花孤叶单,而且结构独特而原始,对研究被

子植物的进化和该科的系统发育有科学意义。因此，是研究我国生物多样性的一个关键物种。

因此，独叶草自从在云南的高山上被发现后，就引起国内外学者的兴趣。人们对独叶草的研究，可以为整个被子植物的进化进程提供新的资料。

独叶草又名细辛、化血丹，可散寒解表、祛风止痛、温肺化饮。用于素体阳虚，感冒风寒，症见恶寒发热、寒重热轻、身倦欲卧、风湿痹痛、肺寒咳喘等，在我国的医学古籍如《伤寒论》中有记载。

独叶草是我国特有的稀有濒危植物，已建立自然保护区，将其列为保护对象，并在分布集中地划出保护区。

据说，独叶草的科学命名是在1914年，一个英国人为它命名的。而在我国，最早发现它的地方是在云南省滇藏交界的梅里雪山。

在我国，独叶草主要分布在3个非常孤立的地区。其中一个地区是秦岭太白山周围；第二个地区就从甘肃省的岷山开始，一直通过四川省的邛崃山系至峨眉山这个区域；第三个区域就是云南滇藏交界的地方，梅里雪山地区。

知识点滴

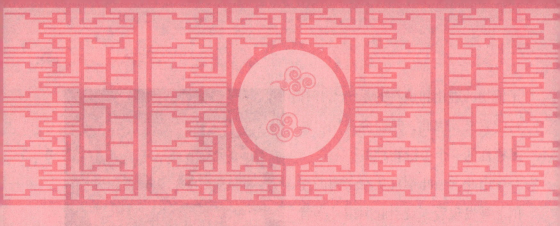

鸽子树——珙桐

　　在2000多年前，我国汉朝有一位皇帝名叫刘奭，公元前33年，他把宫女王昭君，许给了南匈奴呼韩邪单于。

　　昭君出塞远嫁，就要从京城长安上路了。她坐在窗前，正在想念香溪的父老乡亲，忽然窗外白光一闪，飞进一只雪白的鸽子，轻轻落在昭君身边。

　　昭君一看，原来是自己在家时喂养的那只小白鸽"知音"。她高兴极了，连忙捧在手里问道："知音，你怎么找到这里来了？我可真想念你啊！"

　　知音说："姑娘，我也一直想念你。听说

你要出塞去和亲，我飞了七天七夜，赶来与你同去，你答应吗？"

昭君一笑，微微点头。小白鸽知音就地一滚，化作一支小巧玲珑的白玉簪。昭君把它斜插在发髻上。

昭君到了匈奴，被封为宁胡阏氏，做了匈奴的王妃。一晃3年过去了，昭君生了一儿一女，生活得很幸福。

她还教给匈奴人编织刺绣、琴棋书画，深得大家敬重。昭君常常思念家乡，每天早晨要向南祝祷；逢年过节，要朝南3拜。

有一天夜里，昭君做了个梦，回到了故乡兴山宝坪，也就是湖北省秭归。她打水的楠木井，还是那样清清亮亮；她梳洗的梳妆台，还是那样清爽雅致；西荒垭的灯还是那样明；纱帽山的树还是那样青；只是二老爹娘头上的白发增多了，脸上的皱纹加深了。

昭君一觉醒来，思乡之情深切，就写了一封平安家信。可是交通

不便，关山隔阻，这封信怎么送回去呢？

这时，白鸽知音说话了："昭君阏氏，我给你把信送回去吧！"

昭君一听，真是高兴极了，只是感到山高路远，阴晴多变，知音身单力薄，能受得了吗？

她虽然没有说出来，但知音已经了解了她的心思，就说："你放心吧，我带领我的子孙一起飞，一定把你的平安家信带给宝坪亲人！"

昭君感动得眼含热泪，把家信给知音白鸽系好，又嘱托了一番，就送它们上路了。

一群白鸽，在知音的带领下，向南方飞来，一路上穿云雾，搏风雨，飞过了高山，飞过了大河，飞到距神农架不远的化龙山。

这一路，可把白鸽们累坏了，听说快到了昭君的故土了，就成群地落在树上休息。知音看到这番情景，就说："你们在这儿休息吧，我再向东南飞百十里，就从巴东越长江，把昭君的信送给亲人！"说完，就朝宝坪村飞去。

乡亲父老听说白鸽知音从塞外送回了昭君姑娘的家信，个个喜出望外，东家请，西家接，想留知音在村子里歇息。后来，大家听知音说，它要回去找沿途在树上休息的白鸽，第二天就都赶来看望。

不料树上的鸽子，已经都变成了朵朵白花了。那些在化龙山来不及飞的鸽子也永远留在了树上。

从此以后，人们就把鸽子们停留休息的树称为"鸽子树"，或者"鸽子花树"。而这种树的学名则被称为"珙桐"。

珙桐为落叶大乔木，高可达20米。树皮呈不规则薄片脱落。单叶互生，在短枝上簇生，叶纸质，宽卵形或近心形，先端渐尖，基部心形，边缘粗锯齿，叶柄长四五厘米，花杂性，由多数雄花和一朵两性花组成顶生头状花序。

花序下有两片白色总苞，纸质，椭圆状卵形，长8厘米至15厘米，中部以下有锯齿，核果紫绿色，花期在四五月，果熟期在10月。

珙桐的花呈紫红色，由多数雄花与一朵两性花组成顶生的头状花

序，宛如一个长着"眼睛"和"嘴巴"的鸽子脑袋，花序基部两片大而洁白的总苞，则像是白鸽的一对翅膀，黄绿色的柱头像鸽子的嘴喙。

当珙桐花开时，张张白色的总苞在绿叶中浮动，犹如千万只白鸽栖息在树梢枝头，振翅欲飞，并有象征和平的含义。

珙桐喜欢生长在海拔700米至1600米的深山云雾中，要求较大的空气湿度。它也喜欢生长在海拔1800米至2200米的山地林中，多生于空气阴湿处，喜中性或微酸性腐殖质深厚的土壤，在干燥多风、日光直射之处生长不良，不耐瘠薄，不耐干旱。

珙桐的幼苗生长缓慢，喜欢阴湿，而成年树则比较喜光。

珙桐分布在我国云贵高原北缘、横断山脉、秦巴山地及长江中游的

中山地带。从地貌上看，多为丘陵、中山和高山峡谷地带。由于它们在水平及垂直分布上幅度较大，因此分布区的环境条件的差异也较大。

珙桐分布区的气候为凉爽湿润型，湿潮多雨，夏凉冬季较温和，年平均气温8.9摄氏度至15摄氏度，年降水量600毫米至2600.9毫米。分布区的土壤多为山地黄壤和山地黄棕壤，土层较厚，多为含有大量砾石碎片的坡积物，基岩为砂岩、板岩和页岩。

珙桐多分布在深切割的山间溪沟两侧，山坡沟谷地段，山势非常陡峻，坡度约在30度以上。

珙桐可用播种、扦插及压条繁殖。播种的方法是：于10月采收新鲜果实，层积处理后，将种子用清水洗净拌上草木灰或石灰，随即播在三五厘米深的沟内。

　　珙桐有"植物活化石"之称，是国家一级重点保护植物中的珍品，为我国独有的珍稀名贵植物，因其花形酷似展翅飞翔的白鸽而被命名为"鸽子树"。

　　珙桐为我国特有的单属植物，由于各种原因其分布范围正在日益缩小，有被其他阔叶树种更替的危险。

　　珙桐为世界著名的珍贵观赏树，常植于池畔、溪旁及疗养所、宾馆、展览馆附近，具有和平的象征意义。材质沉重，是建筑的上等用材，又是制作细木雕刻、名贵家具的优质木材。

　　我国已建珙桐自然保护区，已经制定了具体的保护管理措施，积极开展引种栽培和繁殖试验，进行人工造林，扩大其分布区。

知识点滴

　　据说，珙桐是被法国传教士大卫神甫作为西方人首次发现并命拉丁种名的树木，大卫神甫也是为麋鹿命拉丁种名的人。1904年，珙桐被引入欧洲和北美洲，成为有名的观赏树。之后，珙桐在我国也逐渐被引种作为观赏植物。

　　2008年4月，四川省荥经县龙苍沟乡会同该县宣传部、雅安电视台、荥经电视台在对龙苍沟乡旅游资源进行考察时意外发现了近10万亩珙桐群落，该消息先后被多家媒体报道。

　　后经国内从事珙桐研究的权威专家，华中农业大学园艺林学院院长包满珠和湖北民族学院生科院罗世家教授在专程到现场实地考察后称，密集程度如此之高、面积如此之大的成片野生珙桐树，在我国尚属罕见。

雨林巨人——望天树

传说，很久以前，天上的神仙总是往地上撒一些花，也就是"天女散花"，让人间不仅有鸟语，还有花香，令人们的生活多姿多彩，不再那么单调。

这些被撒下的种子经过许多许多年漫长的努力，根据各自的目标，有的成为了情人节最受欢迎的礼物玫瑰。有的成了掠夺者，以掠夺的方式壮大自己。也有化为小草的，不求荣华富贵、不求飞黄腾达，得过且过，倒也悠然自得。

而有一种家伙，总希望看一看它的故乡天堂。它不停地生长，长

到了令人羡慕的高度。不知道它是否已实现愿望，但它总归是最靠近天堂的了，后来，人们就称它为望天树。

望天树为常绿大乔木，高40米至80米，胸径达1.5米至3米，树干通直，枝下高多在30米以上，大树具板根；树皮呈褐色或深褐色，上部纵裂，下部呈块状或不规则剥落；一两年生枝密被鳞片状毛和细毛。

望天树为裸芽，为一对托叶包藏。叶互生，革质，椭圆形、卵状椭圆形或披针状椭圆形，长2厘米至6厘米，宽3厘米至8厘米。先端急尖或渐尖，基部圆形或宽楔形，侧脉14对至19对，近平行，下面脉序突起，被鳞片状毛和细毛。

望天树于五六月开花，8月至10月为果熟期。落果现象比较严重，主要由于虫害所致。

望天树树体高大，干形圆满通直，不分权，树冠像一把巨大的伞，而树干则像伞把似的，西双版纳的傣族因此把它称为"埋干仲"，也就是"伞把树"的意思。

望天树多生长在海拔350米至1100米之间的山地峡谷及两侧坡地上，其分布面积约20平方千米。在那高大通直插入云霄的大树之间，以缆索连成通道，你可以经过通道从这棵树走到另一棵树。

登高眺望远近的树木，热带雨林的景观，一览无余。不禁让人感叹大自然的造化，如此望天树真是"望天"之树！

生长区分布在热带季风气候区向南开口的河谷地区及两侧的坡地上。全年高温、高湿、静风、无霜，终年温暖、湿润，干湿季交替明显，年平均气温20.6摄氏度至22.5摄氏度，最冷月平均气温12摄氏度至14摄氏度，最热月平均温28摄氏度以上。

年降水量1200毫米至1700毫米，降雨日约200天；相对湿度85%，雾日170天左右。土壤属于发育在紫色砂岩、砂页岩或石灰岩母质上的赤红壤、沙壤土及石灰土。在湿润沟谷、坡脚台地上，组成单优种的季节性雨林。

望天树一般可高达60米左右。人们曾对一棵进行测量和分析，发现望天树生长得相当快，一棵70岁的望天树，竟高达50多米。个别的甚至高达80米，胸径一般在1.3米左右，最大可至3米。

这些世上罕见的巨树，棵棵耸立于沟谷雨林的上层，一般要高出第二层乔木20多米，果真有直通九霄、刺破青天的气势！

望天树是云南热带雨林的标志树种，它直耸云霄，当地人称只要能够攀爬到望天树顶端，就能向天庭许愿，灵验无比。

望天树以材质优良和单株积材率高而闻名于世界木材市场，一棵60米左右的望天树，主干木材可达10立方米以上。其材质较重，结构均匀，纹理通直而不易变形，加工性能良好，适合于制材工业和机械加工以及较大规格的木材用途，是一种优良的工业用材树种。

同时，望天树对研究我国的热带植物区系有重要意义。该物种已被列为国家一级重点保护野生植物。

我国已建立自然保护区，对在分布地区的大树严加保护。已对残存于云南省东南部及广西壮族自治区西南部的大树加强了保护。

由于望天树种子的寿命短，天然发芽成长为树十分困难，我国相关部门已经对有关产地的幼树更新和易地栽培做了研究。在西双版纳植物园、昆明植物园和华南植物园等地都已栽培成功。

知识点滴

望天树还有个极亲的"孪生兄弟"，名为擎天树。它其实是望天树的变种，外形与望天树极其相似，也异常高大，常达60米至65米，光枝下高就有30多米。其材质坚硬、耐腐性强，而且刨切面光洁，纹理美观，具有极高经济价值和科学研究价值。擎天树仅分布在广西壮族自治区弄岗自然保护区，同样受到了严格的保护。

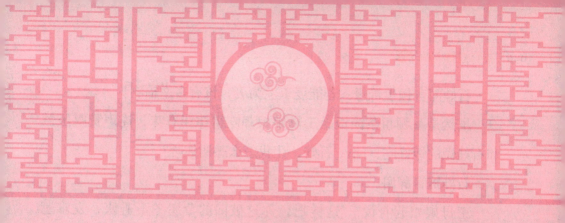

报恩花——宝华玉兰

相传有一年，天上的王母娘娘下凡到昆仑山找寻爽心草，见山涧中有一潭碧水，便与众仙女宽衣解带入池洗浴，一时周身舒爽。

中午时分，王母娘娘和仙女们信步山中，不觉走到了穷苦青年石娃的家里。石娃忙做饭款待，仙女中有一位叫玉兰的上前帮忙。

石娃惊叫道："真不知你做饭如此在行！"

玉兰笑道："这有啥奇怪的，织布绣花我更拿手。"

石娃闻言顿生奇想：若能娶玉兰为妻，该有多幸福啊！

虽然是一顿粗茶淡饭，王母娘娘却吃得津津有味，连声赞叹玉兰和石娃做的饭好吃，问："石娃，让我怎么感谢你呀？"

石娃婉言辞谢。

王母娘娘起身说："这样吧，你这破旧的草屋冬不避寒，夏难遮雨，我给你换栋新屋。"说完伸手一指，破屋顿时变成了新房。

又笑着说："你的衣衫也该换新的了。"手一指，只见石娃浑身绸缎，成了一个英俊潇洒的小伙子了。石娃忙施礼道谢。

临别，石娃悄悄问玉兰："小姐，我什么时候能再见到你呀？"

玉兰深情地望着他说："我会来看你的。"

这天夜半时分，睡梦中的石娃忽然被一阵敲门声惊醒："谁呀？"

"我是玉兰。"

石娃起身开门，激动得说不出话来。

原来，自从玉兰见到石娃，也生爱慕之心。随驾返程的途中，便偷偷溜了回来。两人自此结为秦晋之好，从此男耕女织，小日子过得虽不富有，却也甜似蜜糖。

好景不长。

一天，玉兰正在门口绣花，忽然一条黄绢从天而降，上写："玉兰偷出天宫，以身许人，有违天条，立即回宫，不得有误！"

玉兰惊愣片刻，遂咬破手指，在黄绢背面血书道："我与石娃已结百年之好，誓不分离！"便将黄绢抛向天宫。

不久，石娃上山砍柴归来，玉兰抬起一双泪眼，说："石娃，娘娘今已降旨，召我即刻回宫……"

石娃大惊，心头犹如滚过一个炸雷，说："玉兰，你不能走啊！等娘娘来了，我必求情于她！"

玉兰苦笑不语，道："天宫规法甚严，你我难免分手在即。"

说话间，王母娘娘已在众仙女簇拥下驾云而至。两人跪地苦求，

玉兰更表明心迹：若回天宫，宁愿一死。

王母娘娘见玉兰心意已决，遂脸色一沉，用手一指，玉兰倏然变成一棵玉兰树，亭亭立在门前。

石娃见状，悲愤地大叫一声："玉兰！"昏死在玉兰树下，再也没有爬起来。

后来，这棵玉兰树被移栽到无染寺禅院中。每年4月，花开飘香，吸引着四方游人前来观赏、拜谒。

故事中的玉兰树也称"宝华玉兰"，它为落叶小乔木，树高达11米，胸径0.3米。树皮呈灰白色，手感较平滑，当年生枝黄绿色，两年生枝紫色，冬芽密生绢状绒毛，小枝紫褐色。

宝华玉兰的叶互生，倒卵状长圆形，长7厘米至16厘米，宽3厘米至7厘米，下面沿脉被长毛。叶长圆状倒卵形或长圆形，顶端短突尖，基部楔形或近圆形，背面苍白色，脉上有柔毛。

宝华玉兰的花生枝顶，先叶开放，直径8厘米至12厘米，芳香。花丝紫色，药隔凸出呈短尖。雌蕊群圆柱形，长两厘米。花柄密生白色毛。花被片像汤匙，长5厘米至8厘米。

不同的单株花色还有变化，上部白色，中部是淡紫红色，中部向下则渐呈紫红色。聚合果圆筒形，长5厘米至7厘米，径两三厘米。蓇葖木质，果圆形，有疣点状凸起。蓇葖种子宽倒卵圆形，外种皮红色，内种皮黑色。

宝华木兰生于海拔220米的北坡小丘陵地上。零星生长在常绿、落叶阔叶混交林中，伴生植物主要有野核桃、枫香、榔榆、黄连木或混生少量青冈和紫楠。物种产地年平均温度16摄氏度，年降水量约900毫米。宝华木兰适宜生长在沙壤土上，呈酸性反应。

宝华木兰早期生长较快，成年树生长缓慢。实生树7年至9年开花，嫁接树当年开花。花期3月中旬，果熟期9月中旬。

宝华玉兰与和它有血缘关系的其他玉兰的区别十分明显，对于研究木兰属的分类系统有一定的意义。其树干挺拔，花朵较大，艳丽芳香，是珍贵的园林观赏树木。

宝华玉兰仅生长在我国江苏句容的宝华山北坡，海拔必须是220米左右，离开这个环境就很难生存。全球只剩下38棵宝华玉兰，其中最高大的有11米，胸径达0.3米，它们稀稀散散地生活在各种阔叶林中。

因为山坡下的灌木层不断被破坏，一直没发现新的玉兰苗，所以不及时采取保护措施，将有灭绝的危险。

为了保护宝华玉兰，有关部门已将宝华山划分为自然保护区，采取各种措施保护好现存植株，在技术上促进天然更新和扩大栽培范围。南京、杭州及上海等地的植物园和园林单位已有引种栽培。

宝华玉兰用种子繁殖，其外种皮富含油质，采收后宜予除去，种子用轻微湿润的河沙层积贮藏。春播后约三四十天发芽。也可用两三年生白玉兰实生苗作为砧木，于早春采集宝华玉兰的枝条嫁接育苗，成活率可达七八成。

知识点滴

很久以前，深山里住着3个姐妹，大姐叫红玉兰，二姐叫白玉兰，小妹叫黄玉兰。

有一天，她们下山游玩，发现村子里一片死寂，向村子里的人问询后得知，原来秦始皇赶山填海，杀死了龙虾公主，从此，龙王爷锁了盐库，不让张家界的人吃盐，导致了瘟疫发生，死了好多人。

三姐妹决定帮大家讨盐。在遭到龙王多次拒绝以后，决定从看守盐仓的蟹将军入手。她们用自己酿制的花香迷倒了蟹将军，将盐仓凿穿，把所有的盐都浸入海水中。

村子里的人得救了，后来，三姐妹却被龙王变作了花树。人们为了纪念她们，就将那种花树称作"玉兰树"，而她们酿造的花香也变成了玉兰花的香味。

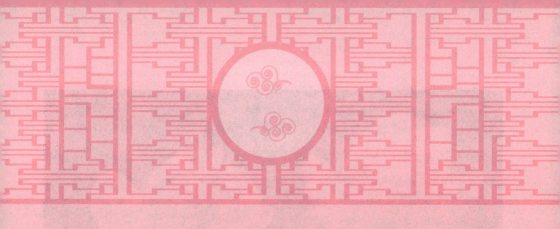

小花木兰——天女木兰

　　相传，古时候，从江西庐山那边来了两户人家，一户有个男孩叫阿木，一家有个女儿叫阿兰。这两户人家男耕女织，狩猎捕鱼，过着和和美美的日子。

　　有一天，城里的王府老爷出来巡猎，看中了阿兰的姿色，便派人抢进府里。阿木听说后，偷偷地溜进了王府，想带着阿兰一起逃跑，不幸被王府发觉，派人追赶。

　　阿木和阿兰逃至浑江畔上的望江崖，见后有追兵，前无进路，被逼无奈，双双投身江底。

　　阿木和阿兰的父母派人把他们从江中打捞上来，葬在了望江崖边的

丛林中。

第二年春天，望江崖上的密林间长出了奇异的木本花树，雌雄同株，花香沁人，十里不绝。据说，这便是阿木和阿兰的化身。

当地人们为纪念这对坚贞不屈的年轻人，给这棵花树起名为"天女木兰"。

关于天女木兰，还有另外一个传说。

很久以前，在一个百花盛开的季节里，一位美丽的天女下凡后遇难了，被勤劳的花农解救，并结为夫妻。在迫不得已离开的时候，天女留下了一粒种子。

花农把它种下后，长出了一株枝繁叶茂、花朵端庄秀丽的木兰，人们为纪念这个天女就称它为"天女木兰"，象征着勤劳善良。

天女木兰为落叶小乔木，株高3米至6米，最高达10米。小枝呈淡灰色，芽大约1厘米，暗紫褐色，均被长柔毛。

天女花的叶互生，叶柄长1.5厘米至6厘米，呈宽椭圆形或倒卵状长圆形，长6厘米至15厘米，宽6厘米至10厘米，叶背有白粉，侧脉6对至

8对。茎部圆形或圆状楔形，先端短突尖，表面绿色，背面粉白色，被短柔毛。

天女花花体直径8厘米至10厘米，花梗长四五厘米；花蕾稍带淡粉红色；白色芳香，花被片9枚，外轮3片粉红色，其余均白色。雄蕊多数紫红色，花药内向开放，雌蕊群椭圆形。

聚合果卵形，长4厘米至6厘米，宽2厘米，红色，先端尖。种子橙黄色，近圆形，直径约0.6厘米。

花生在枝顶，花柄颇长，盛开时随风飘荡，芳香扑鼻，宛如天女散花，故名天女花。花期6月上旬至7月中旬，果熟期9月上中旬。

天女木兰，又称"小花木兰"，为太古第四纪冰川时期幸存的珍稀名贵木本花卉，堪称植物王国中的"活化石"。

天女木兰是世界上稀有的珍贵树种之一，为濒危物种，属国家重点保护植物。天女木兰一直鲜为人知，长在深山人不识。后来，科研人员首次在辽宁省本溪市桓仁发现这一稀世花种的消息，曾引起了国内外的震动。

天女木兰多垂直分布在400米至850米之间的阴坡郁闭中等阔叶杂木林中。在桓仁满族自治县的老秃顶、花脖山，本溪满族自治县境内的草河掌、关门山等均有发现，从而使本溪成为天女木兰的故乡。天女木兰的花颇像牡丹，在辽东山区被人们称为"山牡丹"。

天女木兰间断分布在我国北方长白山、燕山山脉第二主峰都山、秦皇岛境内的祖山，在海拔700米以上的阴坡呈现零散分布。

在我国黄山、歙县的清凉峰、祁门与石台交界的牯牛降以及黟县部分山区均有广泛分布。在大别山区潜山、岳西等地也有零星分布，垂直分布海拔1.6千米。

其中潜山的天柱山最为著名，多分布在海拔较高之处，在鹞落坪生长在海拔1.5千米左右的沟旁林中；在天柱山，则生长在1.4千米的山边灌丛中。

大别山区天女花自然资源的发现，使天女花分布范围扩大至长江北岸，缩短了原来的间断性分布的距离，这给古植物学、植物地理学研究提供了新资料。

　　天女木兰喜凉爽、湿润的环境和深厚、肥沃的土壤，适宜生长在次生阔叶林中、阴坡和湿润山谷，畏高温、干旱和碱性土壤。

　　由于森林砍伐、生境被破坏以及天然更新能力较弱等原因，天女木兰的分布区域日益缩小，植株越来越少。由于它对生长环境选择性很强，一旦环境遭受严重破坏，便生长不良，以致消逝，因此值得引种和扩大人工栽培。

　　天女木兰的5年生以上的木本，可以用作稀有木本花卉的嫁接用，比如白玉兰、南朴等，正是天女木兰有着良好的适应环境能力，其嫁接成活率相当高。

　　天女花株形美观，枝叶茂盛，花色美丽，具长花梗，随风招展，犹如天女散花，是著名的庭园观赏树种。

　　天女木兰的花朵冰清玉洁，香味醇厚致远，其花和叶可提炼高级香料，是增香剂制品的重要原料之一。从天女木兰的花朵和树枝提取得到的厚朴酚，有美白功效成分。种子含油量很高，可制作肥皂等，是重要的日用化工原料。

由于天女木兰不仅有观赏价值，而且有很高的经济价值，本溪市政府将该花确定为该市市花。

每年六七月，是天女木兰盛开的季节，呈白色花纹的灰色树干，伸展出毛茸茸的灰色枝条，无数根枝条托起无数片绿叶。

在两三片叶的扶衬下，但见一个八九厘米长的花梗蹿出，将一朵美丽的花朵高高举在头顶，此花不负众望，使出浑身解数，显示其婀娜多姿。

9片硕大而洁白的花瓣，重叠为3层，在红黄相环的花瓣点缀下，散发着沁人心脾的芳香，是那样的圣洁、高贵和豁达，即使是神笔也难以描述。

知识点滴

传说，在王母娘娘身边有一个吹笙的仙女，她厌倦了天庭的生活，喜欢凡间的山水。

有一天，她来到祖山游玩，发现山好水好，唯独缺少奇花异草，于是把天庭瑶池的木兰花移栽到祖山。

这一日，正逢王母开蟠桃盛会，找笙女来吹笙助兴，到处都找不着她的影子，便派巨灵神寻找。

巨灵神找遍了三山五岳，最后发现祖山云雾缭绕，拨开云雾发现笙女正在移栽木兰花，于是押着笙女回去复命。

王母娘娘为了惩罚笙女，让她去银河浣纱，纱不尽，水不平，不得返回瑶池。笙女宁为玉碎，不为瓦全，甘愿化作祖山一块巨石。后来，笙女移栽到祖山的木兰花便叫作"天女木兰"。

孢子植物

　　孢子植物是对能产生孢子的植物的总称。孢子是一种有繁殖或休眠作用的细胞，它能直接发育成新的个体。孢子植物主要包括藻类植物、菌类植物、地衣植物、苔藓植物和蕨类植物五大类。

　　孢子植物在自然界中分布广泛。我国幅员辽阔，山河纵横，湖泊众多，海域宽广，孢子植物不仅分布广而且数量多。孢子植物是我国重要的生物资源之一，它广泛应用于医药、食品、酿酒等行业，对自然界的物质循环、生态保护也起着重要作用。

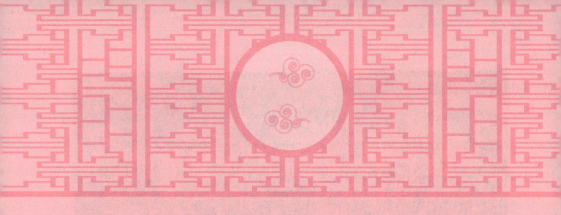

不死之药——灵芝

　　很早以前，有一个放羊娃。每天很早就去放羊，中午不回家，随便带些干粮，就着山上的泉水就是一顿饭。晚上回家吃饭，天也快黑了。他还带着把镰刀，回家时顺便背一捆草回来。

霜降那天，他回到家就困得不行了。圈好羊，放下东西，进屋倒头便睡着了。母亲叫他起来吃饭，叫了好几次，他也没醒。奶奶说，他困你就让他睡吧！

这一睡就睡到了第二天天亮。母亲又叫，还是叫不醒。奶奶也着急了，让他父亲赶快去叫大夫。

大夫诊过脉，脉象没问题。看面相，面相也看不出什么。于是，安慰安慰他的母亲、奶奶，大夫就走了。

第二天，还睡。

第三天，还睡，而且，小脸儿越睡越红润。气息均匀，神色健康，丝毫看不出有什么不好。那时候，人们都迷信，说啥的都有。有说遇见神仙了，有说遇见妖怪了。一睡就睡了整整一个冬天。

转眼，就过了年，又过了一个正月。到了农历二月初二龙抬头这天，这孩子才翻了一个身。然后，又睡着了。

到了惊蛰那天，孩子终于醒了。他睁开眼，打了个哈欠，坐了起来。一家人都围在他身边，问这问那。只见他揉揉眼睛，就说饿。

母亲赶紧拿来饭菜，被奶奶拦住说，不能吃硬的，先给他碗粥喝。

一边喝着粥，他一边给大伙讲着昨天的事情：昨天傍晚，我看见两条蛇，在抢一棵草吃。它们谁也不让谁，就谁也吃不到那棵草。我用镰刀三两下就把它们都赶跑了。我就拔下这棵草，拿着它往家走。

一边走啊，不知不觉就把这草给吃。再后来的事他就不知道了。

后来，有人说：这孩子吃的那棵草，就是"灵芝草"。

据说，这灵芝草是有灵气儿的。它没有固定的模样，长在啥草之间，就是啥模样。人们看不出来，可是一些动物却能认得。

灵芝草有很神秘的营养元素。冬眠的动物，吃了灵芝草，一整个冬天不吃不喝，照样睡觉。从此，灵芝草的故事就流传开来。

关于灵芝，民间还流传着一个动人的故事。

相传很早以前，神农架的冰洞山顶是一个龙宫，住着龙王女儿，长得非常漂亮。她常把山上的当归、香兰采回来给龙母治病。

在山下岩屋里住着个年轻的小伙子，以采药为生。家中只有一个老爹，得了重病，躺在床上已经3年了，生活也非常贫苦。

采药人有一根紫竹箫。他常在月朗风清的夜晚吹箫，声音非常动人，像泉水出洞，像百鸟齐鸣；吹得月亮用云彩遮脸，吹得树叶掉泪。箫声感动了龙女小姐，她常躲在岩屋背后偷听，听到动情处，就暗暗落下泪来。

一天，年轻人正在深山老林里采药，看到一个手提药篮的漂亮女子，对他微微一笑后低下了头。

采药人感到非常惊奇，在这深山里，哪能来得了这样的女子？况且她长得那么秀气，穿戴打扮也不像凡人，莫非是神仙下凡？

他正在猜疑，那个女子早已走了，他痴痴呆呆地站在那里，望了好久。

隔了几天，采药人又在那个深山老林里遇见了那个女子。她告诉他，自己是龙女小姐，眼下母亲得了重病，需要一味灵芝草做药，已经找了几座山，都没有找到，希望他能帮忙寻找。

采药人说："好！我一定尽力弄到。"

然后，约定了时间，龙女来这里取药物。

分手后，龙女小姐回龙宫去了，采药人立即上山采药。他终于在一个陡崖上采到了灵芝草，可是却被护卫灵芝草的毒蛇咬伤了。他滚下了陡崖，昏死过去。

龙女小姐按约定的时间来到约定的地点，找不见采药人，知道出了事，就沿着他留下的脚印找到了他。年轻人只有一口气了，可手里还紧紧拿着那棵灵芝草。

龙女小姐感动得热泪盈眶，把他背到山下，放在岩屋里休息。她拿了灵芝草赶忙回到龙宫。

灵芝草治好了龙母的病，龙母非常感激，要重谢采药人。

她问女儿："他要什么东西呢？我有的任何珍宝他都可以挑选。"

龙女小姐说："他什么都不要，就是想要你的女儿。"

龙母闷了半天，说："这需要和你父王商量。"

龙王哪里肯把女儿嫁给采药人，就把她打入了冷宫，再也不叫她出来。

后来，那个采药人苦苦思念龙女小姐，化作一座山峰，名叫"冰洞山"。

灵芝，多孔菌目，灵芝科，俗称"灵芝草""不死药"，其功能应验，灵通神效，故名灵芝。其中以长白山赤灵芝最为著名。

灵芝菌盖为肾形、半圆形或近圆形，直径10厘米至18厘米，厚一两厘米。皮壳坚硬，黄褐色到红褐色，有光泽，具环状棱纹和辐射状皱纹，边缘薄而平截，常稍内卷。

菌肉呈白色至淡棕色。菌柄圆柱形，侧生，少偏生，长7厘米至15厘米，直径1厘米至3.5厘米，红褐色至紫褐色，光亮。孢子细小，卵形，呈黄褐色，一端平截，具双层壁。

灵芝是担子菌纲多孔菌科灵芝属真菌赤芝和紫芝的总称，具有扶正固本等功效，《本经》上称之为上品。灵芝的生殖细胞——孢子的药用价值的研究也颇受世人的重视。

灵芝的品种约200多种，并不是每种灵芝都能药用，其中包括不能食用的毒芝。

灵芝一般生长在湿度高且光线昏暗的山林中，主要生长在腐树或树木的根部。灵芝自身不能进行光合作用，只能从其他有机物或是腐树中摄取养料。

　　灵芝为腐生菌，由于可寄生在活树上，故又称"兼性寄生菌"。适宜生长的温度为3摄氏度至40摄氏度，以26摄氏度至28摄氏度最佳。在基质含水量接近200％，空气相对湿度90％，在酸性土壤下生长良好。灵芝为好氧菌，籽实体培养时应有充足的氧气和散射的光照。

　　灵芝是一种坚硬、多孢子和微带苦涩的大型真菌。达到成熟期的灵芝就会喷出粉状的孢子，从而进行繁殖。现在野生的灵芝已经很少见，而且质量不容易控制，当今以海南岛产量最多，菌种最丰富。

　　市场上大部分都是人工种植的，我国比较出名的人工种植灵芝的产地是福建省厦门。另台湾较出名的灵芝产地有台北和花莲。

　　世界上灵芝科的种类主要分布在亚洲、澳洲、非洲及美洲的热带及亚热带，少数分布于温带。地处北半球温带的欧洲仅有灵芝属的4种，而北美洲大约5种。我国地跨热带至寒温带，灵芝科种类多而分布广。

　　我国灵芝类真菌自然分布的总特点是东南部多而西北部少。如果从东北部的大兴安岭向西藏东南部画一条斜线，便可将灵芝的分布划分为迥然不同的两大区，正好说明灵芝科种类的分布与我国的地形地貌、生态环境相吻合。

　　目前已知此条线以西由于干旱或高寒等原因，缺乏灵芝繁殖生长的天然条件，只分布有树舌和灵芝两种。在青海、新疆和宁夏几乎

没有发现常见的灵芝。赤芝主要分布在长白山和台湾地区，并以长白山灵芝和台湾的樟芝最为著名。

灵芝自古以来就被认为是吉祥、富贵、美好、长寿的象征，有"仙草""瑞草"之称，中华传统医学长期以来一直视为滋补强壮、固本扶正的珍贵中草药。民间传说灵芝有起死回生、长生不老之功效。

灵芝，是祖国中医药宝库中的珍品，素有"仙草"之誉。古今药理与临床研究均证明，灵芝确有防病治病、延年益寿之功效。东汉时期的《神农本草经》、明代著名医药学家李时珍的《本草纲目》，都对灵芝的功效有详细的极为肯定的记载。

现代药理学与临床实践进一步证实了灵芝的药理作用，并证实灵芝多糖是灵芝扶正固本、滋补强壮、延年益寿的主要成分。现在，灵芝作为药物已正式被国家药典收载，同时它又是国家批准的新资源食品，无毒副作用，可以药食两用。

灵芝的应用范围非常广泛，医学证明赤灵芝、紫芝、云芝药用价值最高。就中医辨证看，由于该品入五脏肾，补益全身五脏之气，所以无论心、肺、肝、脾、肾脏虚弱，均可服之。

其根本原因，就在于灵芝扶正固本，增强免疫功能，提高机体抵抗力的巨大作用。

灵芝不同于一般药物对某种疾病起治疗作用，亦不同于一般保健食品只对某一方面营养素的不足进行补充和强化，而是在整体上双向调节人体功能平衡，调动机体内部活力，调节人体新陈代谢功能，提高自身免疫能力，促使全部的内脏或器官功能正常化。

《神农本草经》把灵芝列为上品："主耳聋，利关节，保神益精，坚筋骨，好颜色，久服轻身不老延年。"谓赤芝"主胸中结，益心气，补中增智慧不忘，久食轻身不老，延年成仙"。

葛洪《抱朴子》说道：

> 芝有石芝、木芝、草芝、肉芝、菌芝，凡数百种也。石芝石象，生于海隅石山岛屿之涯。肉芝状如肉。附于大石，头尾具有，乃生物也。赤者如珊瑚，白者如截肪，黑者如泽漆，青者如翠羽，黄者如紫金，皆光明洞彻如坚冰也。大者10余斤，小者三四斤。凡求芝草，入名山，必以3月、9月，乃山开出神药之月……

　　灵芝在全国最大的原始森林——长白山自然保护区最适宜生长。但是由于多年来人类的过度采摘，野生灵芝的存量越来越少。因此，有关部门也把它列入了保护之列，并大力引种栽培。

知识点滴

　　据说，我国历代皇帝和灵芝都有着不解之缘，因为他们都想长生不老，永持朝政，将芝草视为"太上之药"，只要"得而食之"，即可长生不老。

　　我国历史上唯一的女皇武则天，享年81岁。在她花甲之年以后，她的头发依旧黑亮润滑，富于光泽；皮肤依然白皙红润，富有弹性。

　　典籍记载：武则天的养颜秘方之一就是灵芝，她服用此方时间长达50年之久。至晚年依旧美丽、容颜不老，真正达到保持容颜、延缓衰老、延年益寿的作用，故专家称灵芝为古代养颜第一方。

还魂草——卷柏

传说，天山上的天池是王母娘娘洗澡的地方。而在这天池岸边生长着一种能令人起死回生的仙草。

有一年，民间大旱，瘟疫流行，成千上万的百姓因此而死亡。住

　　在天池中的龙女，看到这人间灾难后，十分同情人们的遭遇。

　　后来，她偷偷地把天池岸边的仙草带到人间为人们治病。结果，成千上万死去的百姓竟奇迹般地活过来了。龙王知道此事后，大发雷霆，一怒之下就把龙女贬下了凡间。

　　龙女被贬到人间后，心甘情愿地变成了这种能救人的草，继续普救众生。后来，人们就叫这种草为"九死还魂草"。

　　据说，《白蛇传》中白娘子为救许仙，向神仙所求的也是九死还魂草。

　　九死还魂草，学名"卷柏"，又名"万年青""长生草"，是一种多年生直立草本蕨类植物。高5厘米至15厘米，顶端丛生小枝，小枝扇形分

叉，辐射开展，扁平状，浅绿色。主茎直立，常单一，棕褐色。

卷柏的根托只生于茎的基部，长0.5厘米至3厘米，直径0.3毫米至1.8毫米。卷柏的根多分叉，密被毛，和茎及分枝密集形成树状主干，有时高达数十厘米。

卷柏的茎部呈禾秆色或棕褐色，主茎自中部开始羽状分枝或不等二叉分枝。不分枝的主茎高一二十厘米，分枝的丛生，样子是扁平的，呈浅绿色。

卷柏的茎卵圆柱状，不具沟槽，光滑，维管束一条。有侧枝2对至5对，羽状分枝，小枝稀疏，规则，分枝无毛，背腹压扁。

卷柏的叶质厚，呈鳞状，有中叶与侧叶之分，覆瓦状密集排列。卷柏的腹叶斜向上，不并列，卵状矩圆形，边缘有微齿。孢子囊穗生于枝顶，四棱形，子叶呈卵状三角形，子囊呈圆肾形。

主茎上的叶较小枝上的略大，覆瓦状排列，绿色或棕色，边缘有细齿。分枝上的腋叶对称，呈卵形、卵状三角形或椭圆形，边缘有细齿，黑褐色。

卷柏的中叶较侧叶略窄小，小枝上的椭圆形，表面光滑呈绿色，叶边缘不为全缘，具白边，边具无色膜质缘，背部不呈龙骨状，先端渐尖呈无色长芒。外展或与轴平行，基部平截，边缘有细齿，不外卷，不内卷。

侧叶不对称，小枝上的侧叶呈卵形、倒三角形或矩圆状卵形，略斜升，相互重叠，先端具芒，基部上侧扩大，加宽，覆盖小枝，基部上侧边缘不为全缘，呈撕裂状或具细齿，下侧边近全缘，基部有细齿或具睫毛，反卷。

孢子叶穗紧密，四棱柱形，单生于小枝末端。孢子叶呈卵状三角形，边缘有细齿，具白边，先端有尖头或具芒。

卷柏的孢子囊单生于孢子叶之叶腋，雌雄同株，在孢子叶穗上下两面不规则排列，大孢子囊浅黄色，内有4个黄色大孢子。小孢子囊橘黄色，内含多数橘黄色小孢子。

卷柏喜生长在海拔800米的岩石缝中，分布于我国大部分省区。

生于向阳山坡或岩石缝内，多生长在向阳的山坡或干旱的岩石缝中。那里土壤贫瘠，蓄水能力很差，卷柏的生长水源几乎全靠天上落下的雨水，为了能在久旱不雨的情况下生存下来，它被迫练出了这身"本领"。

卷柏喜光，具很强的抗旱能力。在干旱时，卷柏的枝叶蜷缩起来，植物体变得焦干，进入了"假死"状态。当得到雨水、温度适宜时，它就大量吸水，枝叶舒展，又"苏醒"过来。

由于干旱石崖难以保持水分，它要经过多次的"枯死"和"还魂"才能长大和繁衍。它生长在高高低低的乱石山上，石头棱角锐如

刀尖，连生命力顽强的青苔都难生长。要想采到它，也十分不易。

卷柏是一味外伤出血的神奇中草药，可消炎止血。用卷柏干粉敷在婴儿脐肚上消炎止血，效果很好。卷柏有美容作用。用卷柏干粉和鸡蛋清调和敷于面部，可使面部光洁秀丽。

卷柏作为室内微型盆景，四季常绿，形如高山劲松，用于假山、大型盆景栽培点缀，具有极高的观赏价值。卷柏也是很好的送人礼品，因为它是福如东海、寿比南山的象征。

卷柏为孢子繁殖，或从产地采挖自生苗盆栽。盆土要求轻松、排水良好的沙质壤土。栽后放置在阴湿，无直射阳光的地方。

在生长期间需要大量浇水，保持盆土充分湿润。植株喜潮湿，每天都要用温水喷洒叶丛。不要用凉水喷洒，否则对叶丛不利。

知识点滴

在生物学方面，许多人认为卷柏是裸子植物，其实不然。它属于由孢子繁殖的蕨类植物，没有种子，是由大小孢子囊产生异型孢子。

从卷柏的异名上可以看出来，《滇南本草》称之为"回阳草"；《本草纲目》叫它"长生草"；《分类草药性》叫它"还魂草"；《现代实用中药》叫它"九死还魂草"。